中等职业学校信息技术规划教材

贵州大学全国重点建设职教师资培养培训基地　组编

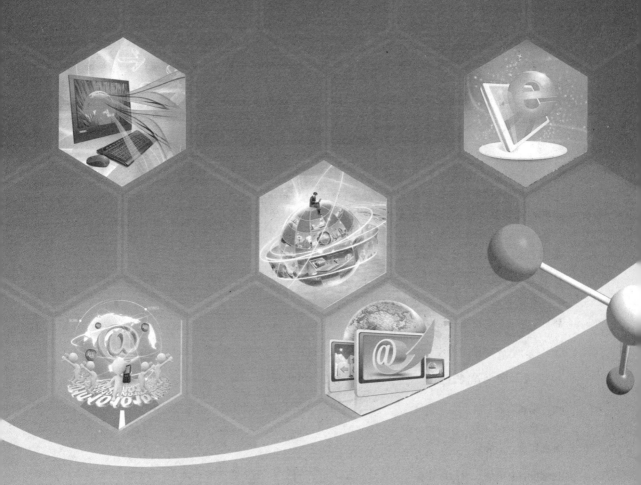

计算机网络技术
基础及应用教程

丛书主编　杨云江
主编　温明剑
副主编　林志东　叶春全　陈枝亮　梁输松

清华大学出版社
北　京

内 容 简 介

本书采用"项目-任务驱动"编写形式,主要介绍了有关计算机网络技术的基础知识和基本技能。操作步骤讲解细致、描述准确,力求使学生通过本书的学习,掌握应用计算机网络的能力。

本书共 9 章,主要内容包括:计算机网络和数据通信基础知识、对等网的组建和应用、Internet 的连接及应用、网络操作系统的安装、Windows Server 2003 的管理、应用服务器的基本配置、网络管理与维护、网络安全基础知识和局域网组建实例。在每章的后面均配有针对性的实训题和习题,可以加深学生对所学内容的理解和掌握。

本书可作为中等职业学校计算机专业的教材,也可作为计算机相关专业和各种计算机短期培训班的教学用书。

图书在版编目(CIP)数据

计算机网络技术基础及应用教程/温明剑主编. —北京:清华大学出版社,2011.7
(中等职业学校信息技术规划教材)
ISBN 978-7-302-25958-9

Ⅰ. ①计… Ⅱ. ①温… Ⅲ. ①计算机网络—中等专业学校—教材 Ⅳ. ①TP393

中国版本图书馆 CIP 数据核字(2011)第 124098 号

责任编辑:帅志清
责任校对:袁 芳
责任印制:王秀菊

出版发行:清华大学出版社 地 址:北京清华大学学研大厦 A 座
     http://www.tup.com.cn 邮 编:100084
     社 总 机:010-62770175 邮 购:010-62786544
     投稿与读者服务:010-62776969,c-service@tup.tsinghua.edu.cn
     质 量 反 馈:010-62772015,zhiliang@tup.tsinghua.edu.cn

印 装 者:北京嘉实印刷有限公司
经 销:全国新华书店
开 本:185×260 印 张:13.25 字 数:317 千字
版 次:2011 年 7 月第 1 版 印 次:2011 年 7 月第 1 次印刷
印 数:1~3000
定 价:24.00 元

产品编号:040814-01

中等职业学校信息技术规划教材

编审委员会

编委会名誉主任 李　祥　贵州大学名誉校长、教授、博士生导师

编委会主任 杨云江　贵州大学信息化管理中心教授、硕士生导师

编委会副主任

陈文举　贵州大学职业技术学院院长、贵州大学全国重点建设职教师资培养培训基地副主任、教授

王开建　贵州大学职业技术学院副院长、贵州大学全国重点建设职教师资培养培训基地副主任、副教授

曾湘黔　贵州大学职业技术学院副院长、贵州大学全国重点建设职教师资培养培训基地副主任、副教授

王子牛　贵州大学信息化管理中心副主任、副教授、硕士生导师

陈笑蓉　贵州大学计算机学院副院长、教授、硕士生导师

黄顺强　贵州大学全国重点建设职教师资培养培训基地计算机网络培训部主任、副教授

编委会成员（按姓氏拼音顺序排列）

安小洪　贵州省道真自治县职业教育培训中心校长

蔡建华　湖南省益阳市综合职业中专副校长

陈大勇　山西省大同市第二高级职业中学校校长

陈文忠　广东省广州市市政职业学校副校长

丁　倩　山东省潍坊商业学校信息系主任

董学军　山东省济南市历城第二职业中专主任

高金星　河南省鹤壁工贸学校书记

高树立　河北省承德市兴隆县职教中心主任

韩昌权　贵州省畜牧兽医学校校长

高树立　河北省承德市兴隆县职教中心主任

韩昌权　贵州省畜牧兽医学校校长

黄凤姣　湖南省岳阳市湘北女子职业学校校长

贾文贵　河南省许昌技术经济学校副校长

兰廷友　重庆女子职业高级中学副校长

李晨赵　四川省商贸学校副校长

李达中　广东省梅州城西职业技术学校校长

李国祯　河北省海兴县职教中心副校长

李启越　湖南省常宁市职业中专校长

廖智勇　贵州省电子工业学校校长

刘为民　广东省广州市番禺区岭东职业技术学校副校长

刘湘文　广西柳州市鹿寨职业教育中心校长

刘彦文　河北省沧州市职教中心副校长

龙厚岚　贵州省锦屏县中等职业技术学校副校长

卢仲贵　广西贵港市职业教育中心校长

吕学强　山东省济南市历城第二职业中专校长

罗和平　湖南省长沙市工商职业中专学校校长

戚韶梅　广东省广州市天河职业高级中学校长

覃伟良　广西梧州市长洲职业学校党支部书记

任贵明　河北省涉县职业技术教育中心校长

侍颖辉　江苏省连云港工贸高等职业技术学校教研主任

宋远前　广东省茂名市第一职业技术学校校长

万光亮　贵州省三穗县职业教育培训中心校长

王　勇　重庆五一技师学院副校长

王向东　广东省广州市花都区经济贸易职业技术学校副校长

温明剑　广东省梅州城西职业技术学校教务主任

吴新国　湖南省冷水江市高级技工学校副校长

徐　宇　黑龙江省哈尔滨市旅游职业学校校长

许　劲　江西省建设工程学校校长

杨稚桓　湖南省湘西民族财会学校副校长

叶国坚　广东省惠州市博罗中等专业学校校长

殷　文　重庆市城市建设技工学校校长

张华超　河北省冀州市职教中心校长

张晓辉　海南省三亚技工学校副校长

张燕玲　广东省梅州市高级技工学校副校长

张振忠　河北省沧州市职教中心校长

赵　炜　云南省贸易经济学校副校长

朱　琦　山西省工业管理学校校长

近几年来,党和国家在重视高等教育的同时,给予了职业教育更多的关注。2002 年和 2005 年国务院先后两次召开了全国职业教育工作会议,强调要坚持大力发展职业教育。2005 年下发的《国务院关于大力发展职业教育的决定》,更加明确了要把职业教育作为经济社会发展的重要基础和教育工作的战略重点。胡锦涛总书记、温家宝总理等党和国家领导人多次对加强职业教育工作做出重要指示。党中央、国务院关于职业教育工作的一系列重要指示、方针和政策,体现了国家对职业教育的高度重视,为职业教育指明了发展方向。

中等职业教育是职业教育的重要组成部分。由于中等职业学校着重于对学生技能的培养,学生的动手能力较强,因此其毕业生越来越受到各行各业的欢迎和关注,就业率连续几年都保持在 90% 以上,从而促使中等职业教育呈快速增长的趋势。近年来,中等职业学校的招生规模不断扩大,从 2007 年起,全国中等职业学校的年招生人数均在 800 万以上,在校生人数达 2000 多万。

教育部副部长鲁昕强调,中等职业教育不仅要继续扩大招生规模,而且要以提高质量为核心,加强改革创新,而教材改革是改革创新的重点之一。根据这一精神,我们依托贵州大学职业技术学院、贵州大学全国重点建设职教师资培养培训基地,组织了来自全国二十多个省(市、区)、近百所中等职业学校的一线骨干教师,经过精心组织、充分酝酿,并在广泛征求意见的基础上,编写了这套《中等职业学校信息技术规划教材》,以期为推动中等职业教育教材改革做出积极而有益的实践。

按照中等职业教育新的教学方法、教学模式及特点,我们在总结传统教材编写模式及特点的基础上,对"项目—任务驱动"的教材模式进行了拓展,以"项目+任务导入+知识点+任务实施+上机实训+课外练习"的模式作为本套丛书的主要编写模式,如《Flash CS4 动画制作教程》、《计算机应用基础教程》等教材都是采用这种编写模式;但也有针对以实用案例导入进行教学的"项目—案例导入"结构的拓展模式,即"项目+案例导入+知识点+案例分析与实施+上机实训+课外练习"的编写模式,如《电子商务实用教程》、《网络营销实用教程》等教材采用的就是这种编写模式。

每本教材最后所附的"英文缩略词汇",列出了教材中出现的英文缩写词汇的英文全文及中文含义;另外还附有"常用专业术语注释",对教材中主要的专业术语进行了注释。这两个附录对于初学者以及中职学生理解教材的内容是十分有用的。

　　每本教材的主编、副主编及参编作者都是来自中等职业学校的一线骨干教师,他们长期从事相关课程的教学工作及教学经验的总结研究工作,具有丰富的中等职业教育教学经验和实践指导经验,本套丛书正是这些教师多年教学经验和心得体会的结晶。此外,本套丛书由多名专家、学者以及多所中等职业学校领导组成丛书编审委员会,负责对教材的目录、结构、内容和质量进行指导和审查,以确保教材的编写质量。

　　希望本套丛书的出版,能为中等职业教育尽微薄之力,更希望能给中等职业学校的教师和学生带来新的感受和帮助。

贵州大学名誉校长、博士生导师
丛书编委会名誉主任　　李祥

前　言
FOREWORD

随着计算机技术和通信技术的飞速发展，计算机网络及其技术日臻完善，计算机网络的应用逐步普及，人们的工作和生活已离不开计算机网络。

本书根据中等职业学校计算机专业的培养目标，结合目前国内外计算机网络发展的动态，通过项目结合任务驱动教学模式，立足基本操作，渗透基础知识，突出职教特色，力争使学生了解和掌握计算机网络技术的基础知识和基本技能。

全书分为9章，各章主要内容如下：

第1章　介绍计算机网络和数据通信的基础知识。

第2章　介绍对等网的组建和应用。

第3章　介绍 Internet 的连接及应用。

第4章　介绍网络操作系统的安装。

第5章　介绍 Windows Server 2003 的管理。

第6章　介绍应用服务器的基本配置。

第7章　介绍网络管理与维护的基础知识。

第8章　介绍网络安全的基础知识。

第9章　介绍局域网组建实例。

本书按照"项目＋任务导入＋知识点＋任务实施＋上机实训＋课外练习"的模式编写，其基本思想是：首先提出要解决的实际问题；其次列出要解决该问题所需要的基本知识；再次给出如何依据所列出的知识点来解决所提出的问题的操作步骤；最后给出一些实用性较强并提供操作步骤指导的上机实验，同时，在每一章后面都配有一定数量的习题。

本书具有下列特色：

特色之一：为了适应中职学生的水平能力和特点，本书理论知识以"够用"为度，内容强调实用性、针对性和可操作性，以精心设计的实例的具体应用，吸引学生的学习兴趣，并着重培养学生的实际动手能力，让学生在完成具体实践操作的同时，逐步领会相关知识点，从而掌握相关技能和技巧，做到举一反三，融会贯通。

特色之二：本书内容翔实，图文并茂，对每个知识点都给出针对性的实例及相应的操作方法与步骤，操作步骤详细、设计思想新颖。在每章后面都配有针对性的实训题和习题，既可以加深读者对学习内容的理解和掌握，又开拓了设计思维。

本书由广东省梅州城西职业技术学校的温明剑任主编，由广东省梅州城西职业技术学校的林志东和叶春全、广东省汕头市林百欣科技中专的陈枝亮和广州市天河职业高级中学的梁翰松任副主编。贵州大学职业技术学院的杨云江教授担任丛书主编,负责书稿的目录结构、内容结构的规划与设计以及书稿的初审工作。第1~3章主要由温明剑编写,参编的老师还有周媛、邓鸿卿、陈标、陈彦、辜清、陈天耀、张东生;第4章和第5章主要由叶春全编写,参编的老师还有韩俊松、樊小锋、苏基启、凌海明、黎映新;第6~8章主要由林志东编写,参编的老师还有于建军、丁倩、韩鹏东、张静、王晶、杨瑾玉;第9章主要由陈枝亮和梁翰松编写,参编的老师还有康玉书、刘军民。

　　由于作者水平有限,加上时间仓促,书中难免有疏漏和错误之处,恳请广大读者不吝赐教。

编　者

2010 年 11 月

目 录
CONTENTS

计算机网络和数据通信基础知识

随着计算机技术的飞速发展,计算机已经成为各行各业必不可少的工具,单一的计算机环境已经不能满足社会对信息的需求,于是人们将一台计算机与它周围甚至更远地方的计算机连接在一起,形成计算机网络,共享信息资源。本章主要介绍计算机网络和数据通信的基础知识。

本章主要内容

- 网络的产生与发展;
- 计算机网络的定义、作用和组成;
- 计算机网络的应用和分类;
- 网络的拓扑结构和 TCP/IP 网络;
- 数据通信基础。

能力培养目标

了解和掌握计算机网络与数据通信的基础知识。

1.1 计算机网络概述

1.1.1 网络的产生与发展

1. 计算机网络的产生

计算机是 20 世纪人类最伟大、最卓越的发明之一,网络则把计算机的作用发挥到极致。在今天,计算机技术和网络技术是不可分割的两门技术,计算机网络可以说是计算机技术与通信技术紧密结合的结果。

最初的计算机网络设计目标是共享服务器硬盘,这主要是因为在计算机出现的早期,硬盘十分昂贵。现在的网络一方面仍基于共享服务器上两个或多个硬盘的概念,或者无盘工作站的网络系统;另一方面则是管理因素,使用同一台服务器的硬盘,每个用户工作站就可以将所有的文件存放在服务器上,使数据备份变得简单,网络管理员只要有一台数据备份设备,就可以在服务器上备份网上所有用户的数据。

随着计算机网络应用的不断深入,计算机网络的规模越来越大,有的网络包括了许多小的计算机子网。特别是 Internet,它是一个全球性的计算机网络,已成为人类生活中不可或缺的工具之一。

2. 计算机网络的发展

到目前为止,整个计算机网络的发展可以分为四个阶段。目前的计算机网络通常被称为第四代计算机网络,第五代也就是常说的"下一代计算机网络(Next Generation Network,NGN)",其标准正在制定和部分实施之中,其中最重要的是新一代的 IP 通信协议——IPv6 的制订。

(1)第一代计算机网络

20 世纪 60 年代,一种被称为收发器的终端被研发成功,人们通过这种设备实现了将穿孔卡片上的数据通过电话线传送到远地计算机上。后来,电传打字机也作为远程终端和计算机实现了连接,由此诞生了第一代计算机网络。当时,它只是一种以单台计算机为中心的面向终端(不具备数据存储和处理能力)的远程联机系统。

(2)第二代计算机网络

20 世纪 70 年代,人们将主机和主机之间通过通信处理机与通信线路连接起来,于是就出现了通信子网。通信子网负责主机间的通信任务,主机和远程终端之间通过通信处理机进行通信。于是,相继出现了各种专用的网络体系结构,如美国国防高级研究局开发的ARPA 网。第二代计算机网络强调了网络的整体性,用户不仅可以共享主机资源,还可以共享其他用户的软、硬件资源。

(3)第三代计算机网络

这一代计算机网络称为具有网络体系结构的网络。20 世纪 80 年代,国际标准化组织(ISO)提出了开放系统互联的七层参考模型 OSI/RM,简称 OSI。OSI 模型的提出,为计算机网络技术的发展开创了一个新纪元,现在的计算机网络都是以 OSI 为标准建立的。同时,以 IEEE(国际电子电气工程师协会)802.3 和 IEEE 802.5 局域网为代表的网络系统也逐渐成熟,从而为在局部范围内普及网络系统奠定了基础。

(4)第四代计算机网络

20 世纪 90 年代以后,随着数字通信技术的发展,第四代计算机网络产生了,其特点是综合化和高速化。综合化是指采用交换的方式传送数据,在一个网络中实现多种业务的综合传输。现在已经可以将语音、文字、图像、超媒体等多媒体信息综合到一个网络中传送。计算机网络向综合化发展与多媒体技术的迅速发展是分不开的。

(5)计算机网络的发展趋势

计算机网络在 21 世纪的发展趋势可用一个目标、两种技术、三网合一以及四个热点来概括。

一个目标:在全世界建立完善的信息基础设施。

两种技术:计算机网络的发展主要靠微电子技术和光技术来支撑。

三网合一:将计算机技术、通信技术和信息技术融为一体,即将计算机网络、电信网络和电视网络三网合一是计算机网络发展的必然趋势。

四个热点:多媒体、宽带网、移动通信和信息安全。

1.1.2　计算机网络的定义、组成及主要功能

1. 定义

计算机网络就是将地理位置不同但有独立功能的多个计算机系统,通过通信设备和线路等网络硬件连接起来,通过功能完善的网络软件(即网络通信协议、信息交换方式以及网络操作系统等)来实现向多个用户提供各种应用服务,从而实现数据、程序与硬件等各类资源共享。

2. 计算机网络的组成

计算机网络通常由网络硬件和网络软件两部分组成。其中网络硬件提供数据处理、数据传输和建立通信通道的物质基础;网络软件控制数据通信和网络管理。

任何一个简单的计算机网络都必须有基本的网络设备,一般包括服务器、客户机、网络通信系统、网络操作系统等。

(1) 服务器

安装了网络操作系统并提供共享及服务资源的计算机称为服务器(Server)。服务器又指对网络中某种服务进行集中管理和控制的网络主机。服务器在客户机/服务器(Client/Server)网络中扮演着管理者的角色。网络服务器比普通 PC 拥有更强的处理能力、更多的内存和硬盘空间。根据需要,它可以是微型计算机、小型计算机、大中型计算机。

(2) 客户机

客户机由普通 PC 加网卡、网线构成,可运行具有联网功能的操作系统。在网络上,客户机就是网络主机或者终端,也可以是没有磁盘驱动器的无盘工作站。客户机一般又称为工作站,用户通过客户机向局域网请求服务和访问共享资源,并通过网络从服务器中获取数据及应用程序,然后使用客户机的 CPU 和内存进行运算处理。客户机是相对于服务器的概念,它与服务器之间是相互依存的,而客户机之间是相对独立的。

(3) 网络通信系统

网络通信系统是连接客户机和服务器的硬件设备,用于完成和保证信息传输的实现及流畅。网络通信系统通常由网卡、通信线缆、交换机或集线器、路由器等组成。其中,网卡、交换机、路由器等被称为网络设备,通信线缆被称为传输介质。

(4) 网络操作系统

网络操作系统(Network Operation System,NOS)主要运行在服务器上,它负责管理数据、用户、用户组、安全、应用程序以及其他网络功能。了解了局域网的定义、功能、特点与网络设备后,若准备把多台计算机连接起来组成网络,实现多台计算机资源共享、协同工作时,就需要使用网络操作系统了。目前最流行的网络操作系统是 Microsoft 的 Windows NT、Windows 2000 Server、Windows Server 2003 以及 UNIX、Linux 等。

3. 计算机网络的主要功能

不同环境中计算机网络应用的侧重点不同,表现出的主要功能也有差别,但总的来说,网络具备以下最基本的功能。

(1) 资源共享

实现资源共享是组建计算机网络的最初目的,也是计算机网络飞速发展的主要动力。

早期计算机硬件设备十分昂贵,软件资源十分缺乏,为了使更多的人有机会利用计算机进行工作,人们开始考虑设备连接公用的问题。美国是最早鼓励科研院所联网共享计算机资源的国家,因特网就是从那个时候开始起步的。后来计算机的硬件价格下降,促使网络飞速延伸,网络中的信息也逐渐丰盈,人们共享的内容有了实质性的变化,从早期的硬件设备共享过渡到信息共享。现在网络上有许多存放各种信息的数据库,完全能满足信息社会人类生活的信息需求。

(2) 信息通信

信息通信是计算机网络的主要功能,也是计算机网络最主要的应用项目之一。信息通信并不是当初联网要实现的一个内容,但是,随着计算机网络的不断扩大,网络承担了越来越多的信息传递任务,传递的信息种类也不再是单一的生产单位、业务部门计算机之间的工作信息,更多的是社会生活信息。现在计算机网络的通信功能早已成为人们青睐网络的主要原因。

(3) 分布处理

计算机网络具有的任务分布处理功能是计算机功能的扩充,它不但能减轻单机过重的负荷,均衡网络资源的使用效率,也能将大的任务分解并交给不同的计算机进行分布处理,充分发挥中小型计算机的作用,提高网络设备的利用率。分布处理功能使计算机联合工作协调处理大型任务成为可能,现在大量的应用项目,如分布指纹识别系统,就是利用网络的分布处理功能实现大量数据的快速处理的。

(4) 提高了计算机的可靠性

提高计算机的可靠性是因特网建设最原始的初衷,在计算机网络中计算机资源互为后备,众多的可替代资源无疑提高了计算机的可靠性。网络中的软件资源可以在多台计算机中保留副本,不论是硬件故障还是软件问题,人们都可以避开故障源,单机问题不会影响软件资源在网络中的使用。就计算机任务处理而言,计算机网络是大的多机系统,故障机的任务可由其他机器分担,所以网络的继续运行能力使计算机的处理能力在联网后大幅提高,工作可靠性明显增强。

(5) 可扩充功能

当计算机系统不堪重负时,就要考虑改善计算机系统的性能,提高处理器的处理能力。单机环境只能靠更换高性能的计算机来解决问题,更换设备不但耗资巨大,旧设备废弃或闲置也是资源浪费。计算机网络的高可扩展性为改善计算机的处理能力提供了简捷的途径。

1.1.3 计算机网络的应用

随着现代信息社会进程的推进,通信和计算机技术的迅猛发展,计算机网络的应用也越来越普及,如今计算机网络几乎深入社会的各个领域。Internet已成为家喻户晓的计算机网络,它也是世界上最大的计算机网络,是一条贯穿全球的"信息高速公路主干道"。通过计算机网络提供的服务,人们可将计算机网络应用于社会的方方面面。

1. 网络在科研和教育中的应用

通过全球计算机网络,科技人员可以在网上查询各种文献和资料,可以互相交流学术思想和交换实验资料,甚至可以在计算机网络上进行国际合作研究项目。在教育方面可以开设网上学校,实现远程授课,学生可以在家里或其他可以将计算机接入计算机网络的地方,利用多媒体交互功能听课,可以随时提问和讨论,可以从网上获得学习参考资料,并且可通过网络交付作业和参加考试。

2. 网络在企事业单位中的应用

计算机网络可以使企事业单位和公司内部实现办公自动化,做到各种软硬件资源共享。而且,如果将内部网络连入 Internet 还可以实现异地办公。例如,通过 WWW 或电子邮件,企业可以很方便地与其分布在不同地区的下属企业或其他业务单位建立联系,不仅能够及时地交换信息,而且实现了无纸化办公。在外地的员工通过网络还可以与所属企业保持联络,得到指示和帮助。企业可以通过 Internet,收集市场信息并发布企业产品信息,取得良好的经济效益。

3. 网络在商业上的应用

随着计算机网络的广泛应用,电子数据交换(Electronic Data Interchange,EDI)已成为国际贸易往来的一个重要手段。它以一种被认可的数据格式,使分布在全球各地的贸易伙伴可以通过计算机传输各种贸易单据,代替了传统的纸制贸易单据,节省了大量的人力和物力,提高了效率。又如网上商店,实现了网上购物、网上付款的消费梦想。

4. 网络在通信与娱乐上的应用

20 世纪个人之间通信的基本工具主要是电话,21 世纪个人之间通信的基本工具主要是计算机网络。计算机网络所提供的通信服务包括电子邮件、网络寻呼、BBS、网络新闻和 IP 电话等。目前,电子邮件已广泛应用,初期的电子邮件只能传送文本文件,而现在已经可以传输语音与图像文件。Internet 上存在着很多的新闻组,参加新闻组的人可以在网上对某个感兴趣的问题进行讨论,或是阅读有关这方面的资料,这是计算机网络应用中很受欢迎的一种通信方式。网络寻呼不但可以实现在网络上进行寻呼的功能,还可以在网友之间进行网络聊天和文件传输等。IP 电话也是基于计算机网络的一种典型的个人通信服务。

家庭娱乐正在对信息服务业产生着巨大的影响,它可以让人们在家里点播电影和电视节目。新的电影可能成为交互式的,观众在看电影时可以不时地参与到电影情节中去。家庭电视也可以成为交互形式的,观众可以参与到猜谜等活动之中。家庭娱乐中最重要的应用可能是在游戏上,目前,已经有很多人喜欢上多人实时仿真游戏。如果使用虚拟现实的头盔和三维、实时、高清晰度的图像,就可以共享虚拟现实的很多游戏和进行多种训练。

随着网络技术的发展和各种网络应用的需求,计算机网络应用的范围在不断扩大,应用领域越拓越宽,越来越深入,许多新的计算机网络应用系统不断地被开发出来,如工业自动控制、辅助决策、虚拟大学、远程教学、远程医疗、管理信息系统、数字图书馆、电子博物馆、全球情报检索与信息查询、网上购物、电子商务、电视会议、视频点播等。

1.1.4　计算机网络的分类

计算机网络的类型繁多、性能各异,根据不同的分类原则,可以得到各种不同类型的计算机网络。目前,计算机网络的分类方法主要有两种:一种是根据网络的覆盖范围与规模进行分类;另一种是根据网络所使用的数据传输方式进行分类。

按覆盖的地理范围,计算机网络可以分为以下四类。

(1) 局域网

顾名思义,局域网(Local Area Network,LAN)是局限于相对小的空间,比如一栋建筑物甚至一个办公室中,若干台计算机和其他设备所组成的网络。局域网的覆盖范围不超过10km,一般属于一个单位所有,易于建立、维护与扩展。

（2）城域网

城域网（Metropolitan Area Network,MAN）是介于广域网与局域网之间的一种高速网络,可以满足几十千米范围内的大量企业、机关、公司的多个局域网互联的需求,实现大量用户之间的数据、语音、图形和视频等多种信息的传输功能。

（3）广域网

广域网（Wide Area Network,WAN）也称为远程网,其覆盖的地理范围从几十千米到几千千米,可以覆盖一个国家、地区,或横跨几个洲,可形成国际性的远程网络,可以将分布在不同地区的计算机系统互联起来,达到资源共享的目的。

（4）国际互联网

将全世界不同地域、不同国家、不同类型的局域网和广域网连接起来形成的一个国际性的大型网络称为国际互联网。当前,典型的国际互联网就是风靡全世界的 Internet。国际互联网实际上是广域网络的延伸。

四种不同网络划分的比较见表1-1。

表1-1　四种不同网络划分的比较

名　　称	距　　离	地　　域	使用单位	用户规模
局域网	几米～10 千米	一栋建筑内	一个单位或部门	一般小于几百用户
城域网	0～100 千米	城市范围	多个	较多
广域网	100 千米以上	很大	很多	很大
国际互联网	1000 千米以上	全球	很多	上亿用户

通信信道的类型有两种,相应的计算机网络也可以分为以下两类。

（1）广播式网络（Broadcast Networks）：在广播式网络中,所有联网计算机都共享一个公共通信信道。当一台计算机利用共享通信信道发送报文分组时,所有其他计算机都会接收到这个分组。由于发送的分组中带有目的地址与源地址,接收到该分组的计算机将检查目的地址是否与本结点的地址相同。如果被接收报文分组的目的地址与本结点地址相同,则接收该分组,否则丢弃。但在广播式网络中需要解决的一个技术问题就是信道的争用问题,因为在某个时刻只能有某一个结点占用信道,进行数据的发送。

（2）点到点式网络（Point-to-Point Networks）：两台设备之间通过一条通信线路相连接,直接的数据交换通常只能发生在直接连接的两台设备之间。在点对点网络中,在源站点和目的站点之间通常没有直接的数据通信线路,源站点所发出的信息,必须经过若干中间结点转发之后,才能到达目的站点,因此,在点对点网络中必须解决路由选择（Routing）问题。

1.1.5　网络的拓扑结构

拓扑（Topology）,主要是研究与大小、距离无关的几何图形特性的方法问题。通常采用拓扑学的方法,分析网络单元彼此互联的形状与其性能的关系,定义计算机与网络设备的连接方法。

网络的拓扑结构分为物理拓扑和逻辑拓扑。物理拓扑是指网络介质的安装，它将网络中的设备互相连接起来。目前使用的物理拓扑包括总线形、环形、星形、网状和几种拓扑混合在一起形成一个混合型网络的。逻辑拓扑定义设备通信的方法和数据在网络中传输的方法分为总线形或环形。

1. 物理拓扑

物理拓扑单纯定义网络介质连接设备的方法。网络物理拓扑图显示了介质连接网络中每台设备的路径。最通用的三种物理拓扑为总线形、星形和环形，如图 1-1～图 1-3 所示。但现实中经常将这三种物理拓扑结构混合使用。

（1）总线形拓扑结构

在这种结构的网络中，所有站点通过适当的硬件接口（一般是网卡）直接与一束主干线连接，这束主干线就称为总线。总线形网络采用广播的方式传播信息，即从任何一个结点发出的信号都向两个方向传播至整个媒体的长度。这种传播方式，任何一个结点发送的信息可能被所有结点接收，所以需要某种方法指明本次数据传送的方向和目的地。如果两个结点同时传送数据，则会发生碰撞，从而需要有一种严格的访问规则。因此总线形网络查错较难，但组网比较经济。总线形拓扑结构如图 1-1 所示。

（2）星形拓扑结构

在这种结构的网络中，每个结点都通过链路与中心结点相连。其特点是比较容易在网络中增加新的结点，数据的安全性和优先级也容易控制，因而易于实现网络监控。但其中心结点的故障会引起整个网络的瘫痪。星形拓扑结构是目前最流行的拓扑结构，如图 1-2 所示。

（3）环形拓扑结构

在该种结构的网络中，每个结点通过通信介质连成一个封闭的环形，信号沿一个方向流动。环形网络易于安装和监控，但容量有限，且网络建成后难以扩容。该结构需要转发器配合工作，转发器可以接收从一条链路上传来的数据，并以同样的速度将数据串行地传送到另一条链路上。环形拓扑结构见图 1-3。

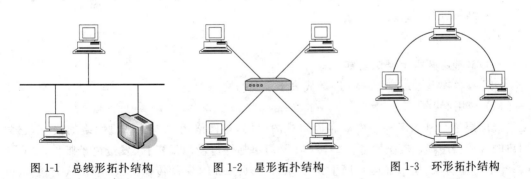

图 1-1　总线形拓扑结构　　　图 1-2　星形拓扑结构　　　图 1-3　环形拓扑结构

2. 逻辑拓扑

在局域网通信中，设备传输数据所采用的方法就称为逻辑拓扑。逻辑拓扑只有两种：总线形和环形。

1.1.6 参考模型与网络协议栈

随着网络技术和网络设备的快速发展,许多网络使用了不同的硬件和软件,因而出现了网络不兼容,即在不同的网络之间难以进行通信的问题。为了解决这一问题,国际标准化组织(ISO)提出了网络参考模型的方案。1984年该组织发表了开放互联(OSI)参考模型。OSI参考模型很快成为计算机网络通信的主要结构模型。

OSI参考模型包含七层:应用层、表示层、会话层、传输层、网络层、数据链路层和物理层(如表1-2所示)。

表 1-2　OSI 参考模型

应用层	第 7 层	网络层	第 3 层
表示层	第 6 层	数据链路层	第 2 层
会话层	第 5 层	物理层	第 1 层
传输层	第 4 层		

建立七层模型的主要目的是为了解决异种网络互联时所遇到的兼容性问题。它的最大优点是将服务、接口和协议这三个概念明确地区分开来。服务说明某一层为上一层提供一些什么功能,接口说明上一层如何使用下一层的服务,而协议涉及如何实现本层的服务。这样各层之间就具有很强的独立性,互联网络中各实体采用什么样的协议是没有限制的,只要向上提供相同的服务并且不改变相邻层的接口就可以了。网络七层的划分也是为了使网络的不同功能模块(不同层次)承担起不同的职责,从而带来如下好处。

- 减轻问题的复杂程度,一旦网络发生故障,可迅速定位故障所处层次,便于查找和纠错。
- 在各层分别定义标准接口,使具备相同对等层的不同网络设备能实现互操作,各层之间则相对独立,一种高层协议可放在多种低层协议上运行。
- 能有效刺激网络技术革新,因为每次更新都可以在小范围内进行,不需对整个网络体系结构进行大改动。
- 便于研究和教学。

1. OSI 参考模型七层的功能

OSI参考模型七层中的每一层都代表了不同的网络功能。

(1) 应用层

应用层是OSI参考模型中最靠近用户的一层,是网络用户与计算机网络的接口,它为用户的应用程序提供网络服务。如,SMTP(简单邮件传输协议)用来发送电子邮件;HTTP(超文本传输协议)用来在因特网上访问Web网页;FTP(文件传输协议)用来从FTP服务器上下载文件等。

(2) 表示层

应用层下面的一层是表示层,它是OSI参考模型的第6层,距离最终用户只有一层之遥。表示层定义了一系列代码和代码转换功能,以保证源端数据在目的端同样能被识别,比如大家所熟悉的文本数据ASCII码、表示图像的GIF或表示动画的MPEG等。

（3）会话层

会话层主要负责管理远程用户或进程之间的通信。会话层通过调节数据流使两台设备间按顺序进行通信。

（4）传输层

传输层提供对上层透明（不依赖于具体网络）、可靠的数据传输。它的功能主要包括流控、多路技术、虚电路管理和纠错及恢复等。其中多路技术使多个不同应用的数据可以通过单一的物理链路实现共同传递；虚电路是数据传递的逻辑通道，在传输层建立、维护和终止；纠错功能则可以检测错误的发生，并采取措施（如重传）解决问题。

（5）网络层

网络层将数据按一定长度进行分组，并在分组头中标识源和目的结点的逻辑地址，这些地址就像街区、门牌号一样，成为每个结点的标识。网络层的核心功能便是根据这些结点的地址来获得从源到目的的路径。当有多条路径存在时，网络层还要负责进行路由选择。如果说传输层关注的是"端到端"（源端到目的端）的连接，那么网络层关心的则是"点到点"的逐点传递。

（6）数据链路层

数据链路层的作用就是通过一定的手段（将数据分成帧，以数据帧为单位进行传输），在物理层提供服务的基础上将数据无差错地从一方传送到另一方。数据链路层保证了数据的可靠传输。该层用介质接入控制地址——MAC 地址。

MAC 地址是制造商永久固化在网卡（NIC）上的一组编码，是硬件设备的实际物理地址。在数据发送时，发送设备需要知道接收设备的 MAC 地址。

（7）物理层

在数据链路层下面是物理层，这是 OSI 参考模型的最底层。物理层定义了通信网络之间物理链路的电气特性和机械特性。物理层的功能就是传输数据。

2. 在 OSI 参考模型中数据的传输

OSI 参考模型的每一层在目的和功能上都独立于其他层。每一层必须进行自己的工作，并为上面和下面的层提供服务。当两个设备通信时，每一层都必须与另一端的对应层进行通信，但实际上两台设备只有在物理层上用传输介质连在一起。在实际的通信中，数据会从发送端的应用层流入，然后沿着 OSI 参考模型的各层往下传，直到数据到达物理层，并通过网络连接传输。接收端将这个过程逆转过来，数据从物理层进入，向上经过各层，直到应用层。用户可以通过应用程序取得所需的文件格式，如图 1-4 所示。

在传送过程中逐层按协议添加各层的功能信息（这个过程叫封装），如地址等。在接收过程中将信息剥离出来并沿着 OSI 参考模型的各层向上传送。每个层的工作都是为与其相邻的层封装数据或解开数据封装。

3. 网络协议栈

（1）什么是网络协议栈

在网络通信中，协议规定了两台设备如何进行交流，它是一种规则。例如，一个讲汉语的人与一个讲英语的人对话，必须要用一种两人都能听懂的语言才能达到沟通目的。两台设备必须使用相同的协议，它们之间才能进行通信。在网络中几个协议必须协同工作，才能

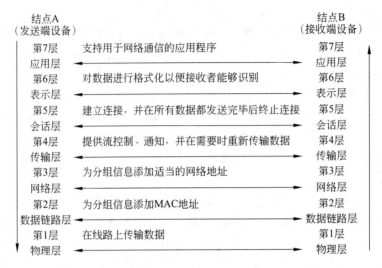

图 1-4　OSI 参考模型中数据的传输过程

保证正确地传送和接收数据。所以当一组协议在一起工作时，就称为一个协议组或协议栈。最重要的协议组有 TCP/IP、IPX/SPX、IBM SNA 和 Apple Talk。

（2）TCP/IP 协议模型与 OSI 参考模型的比较

TCP/IP 是所有协议组中最常用的协议，也是目前网络的一个标准协议，是因特网上进行相互通信时采用的协议。由于 TCP/IP 的广泛应用，使它已经成为网络互联的一种事实标准。它不但运用于因特网，还应用于局域网、城域网和广域网。传输控制协议（TCP）和网际互联协议（IP）是协议中最主要的两个协议，所以这个协议栈以此命名。

由于 TCP/IP 是一个实际使用的模型，它在 OSI 参考模型开发出来之前就存在，所以没有严格与 OSI 参考模型相对应起来。TCP/IP 协议模型分成四层。下面将这四层与 OSI 参考模型的七层来进行比较，如图 1-5 所示。

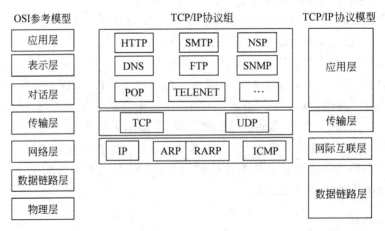

图 1-5　TCP/IP 协议模型与 OSI 参考模型的比较

① 应用层：TCP/IP 协议模型中的应用层对应 OSI 参考模型的应用层、表示层和会话层。应用层的协议为用户提供网络服务。这一层的协议包括文件传输协议（FTP）、简单邮

件传输协议(SMTP)、超文本传输协议(HTTP)等。

② 传输层：类似 OSI 参考模型的传输层。传输层协议确保数据能够在计算机之间可靠地传输。这一层的协议有传输控制协议(TCP)和用户数据报协议(UDP)。

③ 网际互联层：该层对应 OSI 参考模型的网络层，该层负责网络设备的逻辑寻址和对数据进行路由选择。这一层的协议有网际互联协议(IP)、地址解析协议(ARP)和逆向地址解析协议(RARP)、Internet 控制报文协议(ICMP)。如果没有这个系统，人们就无法在万维网(World Wide Web)上访问任何信息。

④ 数据链路层：也就是网络接口层，对应 OSI 参考模型的数据链路层和物理层，它直接同网络进行通信。

1.2　数据通信技术基础

1.2.1　数据通信的基本术语

在数据通信中，概念性的术语很多，只有弄清楚这些术语，才能真正地掌握数据通信的意义。

- 数据(Data)：在计算机系统中，各种字母、数字符号的组合、语音、图形、图像等统称为数据。数据和信息既有联系又有区别。信息是对数据进行加工以后所得到的有助于人们消除对某一方面的不确定性的数据。在计算机中，各种数据都用二进制代码表示，即由 0 和 1 比特序列构成。所以，在计算机之间要传输的数据也就是这些二进制比特序列。

- 报文(Message)：一次通信所要传输的所有数据就是一个报文。在网络系统中，一个报文是通信内容加上源地址(信源地址)、目的地址(通信地址)和控制信息，按照协议要求的格式打成一个"包"。所以报文就像一封信，连信封带信瓤就是一个"包"。信封上的内容就是按照邮局规定的格式(类似于邮局的"协议")填写的目的地址、源地址和控制信息(如同挂号信、平信或邮票价值等)。

- 报文分组(Packet)：在网络上可以直接传递报文。但是报文的长短不一，使得中间站点不好处理。所以在网络上都是把一个报文按照一定大小的要求划分而成的一个个"报文分组"。报文分组的大小依据线路上站点的处理能力而定。报文分组的格式和报文相似，只是要在报文号的基础上再加上报文分组号(序列号)。

- 信道：传输信息的必经之路称为"信道"。在计算机网络中有物理信道和逻辑信道。物理信道是指用来传送信号或数据的物理通路，网络中两个结点之间的物理通路称为通信链路，物理信道由传输介质及有关设备组成。逻辑信道也是一种通路，但在信号收、发点之间并不存在一条物理上的传输介质，而是在物理信道的基础上，由结点内部来实现。通常把逻辑信道称为"连接"。

- 数据传输速率：数据传输速率又称比特率(Bit Rate)，是指每秒传输数据(编码前的数字数据)的二进制位数(比特数)，单位为比特/秒，记为 b/s。

- 带宽：带宽通常是指某个信号所具有的频带宽度，或者是指信道能够传输的最高频率与最低频率之差。在电信(Telecom)技术中，常以赫兹(Hz)为单位来定义带宽，比如,普通电话线的带宽为300～3400Hz。在计算机网络中,带宽则是指网络中的数据传输速率(确切地说,是指数字信号的发送速率,即向线路中输入的每秒比特数),是对网络吞吐能力(即吞吐量,Throughput)的一种描述,其单位为 b/s。带宽是计算机网络中非常重要的一个概念。

■ 数据通信:数据通信就是通过适当的传输介质将数据信息从发出端传送到接收端,它包含了数据传输和数据处理两方面的内容。

1.2.2　数据传输模式

传输模式(Transmission Mode)定义了信息比特流从一台设备传输到另一台设备的方式。数据的传输模式有两种:并行传输模式和串行传输模式。

并行传输(Parallel Transmission)是指可以同时传输一组比特,每个比特使用单独的一条线路(导线)(如图 1-6 所示)。并行传输非常普遍,最常见的是计算机和外围设备之间的通信,例如计算机和打印机之间的通信。并行传输应用到长距离的连接上没有优势,这是因为:第一,在长距离上使用多条线路要比使用一条单独线路昂贵;第二,长距离的传输要求用较粗的导线来降低信号的衰减,这时要把它们捆绑到一条单独电缆里相当困难;第三,比特流传输所需要的时间不一致。短距离时,同时发送的比特几乎总是能够同时收到,但长距离时,导线上的电阻或多或少会阻碍比特流的传输,从而使它们的到达时间不同步,这将给接收端带来不便。

串行传输(Serial Transmission)提供了并行传输以外的另一种选择(如图 1-7 所示)。它只使用一条线路,逐个传送所有的比特。它比较便宜,用在长距离连接中也比并行传输更加可靠。但它速度较慢,因为每次只能发送一个比特位。此外,这种传输方式给发送设备和接收设备增加了额外的复杂性,发送方必须明确比特发送的顺序。例如,发送一个字节的8 个比特位时,发送方必须确定是先发送高位还是低位。同样,接收方必须明确收到的第一个比特位是高位还是低位。

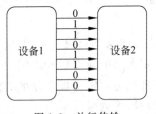

图 1-6　并行传输

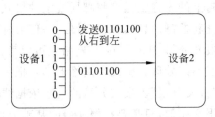

图 1-7　串行传输

串行传输的方法主要有两种:异步传输和同步传输。

异步传输(Asynchronous Transmission)是指将比特划分成小组独立传送。发送方可以在任何时刻发送这些比特组,而接收方并不知道它们会在什么时候到达。例如,键盘和计算机之间的通信,如果在键盘上按下一个字母键、数字键或特殊字符键,就发送一个 8 比特位的 ASCII 码。键盘可以在任何时刻发送 ASCII 码,而计算机必须在任何时刻都能接收一个输入的字符。可以看出,异步传输存在一个潜在的问题,接收方并不知道数据会在什么时候到达。因此,每次异步传输都以一个开始位开始(如图 1-8 所示),它通知接收方数据已经到达了,这就给了接收方响应、接收和缓存数据比特位的时间。在传输结束时,一个停止位表示一次传输的终止。异步传输一般用于低速设备,例如键盘和电传打字机等。这主要是因为它的开销比较大。在图 1-8 中,每传送 8 个比特位就多 2 个比特位,这样,总的传输负载就增加 25%。对于数据传输量很小的低速设备来说,问题不大,但对于那些数据传输量很大的高速设备来说,25%的负载增值就相当严重了。

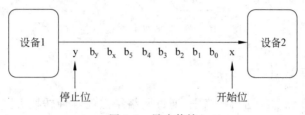

图 1-8　异步传输

同步传输(Synchronous Transmission)的比特分组要大得多,它不是独立地发送每个字符,而是把它们组合起来一起发送,称这些组合为数据帧,或简称为帧。数据帧的具体组织形式随协议而定,数据帧有许多公共的特征。图 1-9 显示了一个数据帧的一般组织形式,方向是从左向右。数据帧的第一部分包含同步字符(SYN Character),它是一个独特的比特组合,用于通知接收方一个帧已经到达。SYN 字符类似于前面提到的开始位,接下来是控制位,可能包含源地址(指出数据帧从哪里来)、目标地址(指出数据帧到哪里去)、数据的实际字节数、序列号(接收方使用序列号对帧进行重组)等。数据位定义了要发送的信息,字符间不需要开始位和停止位。错误检测位被用来检测或校正传输错误。帧的最后一部分是一个帧结束标记。和 SYN 字符一样,它是一个独特的比特串,用于表示本帧比特位全部传输完毕。

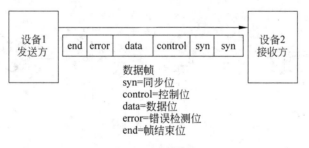

图 1-9　同步传输

同步传输通常要比异步传输快得多。接收方不必对每个字符进行开始和停止操作。一旦检测到 SYN 字符,它就在数据到达时接收它们。另外,它的开销也比较少。

前面已经讲解了从一台设备传输信息到另一台设备的各种方法,它们在发送方和接收方之间有明确的方向性。这是一种典型的单工通信(Simplex Communication),如图 1-10所示。也就是说,通信只在一个方向上进行。例如,打印机、电视机等。而在其他应用中要求更高的灵活性,使设备既可以发送,也可以接收。实现的方法主要有半双工通信(Half-Duplex Communication)和全双工通信(Full-Duplex Communication)。使用半双工通信的设备可以发送和接收,但必须轮流进行。使用全双工通信的设备可以同时进行发送和接收。

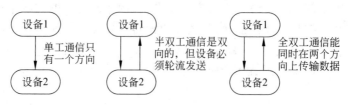

图 1-10　单工、半双工、全双工通信

1.2.3　数据交换技术

数据交换是指在任意的通信网络中,通过网络结点的某种转换方式实现任意两个或多个系统之间的连接。数据交换是在多结点网络中实现数据传输的有效手段,它通过中间网络实现。中间网络只为数据从一个结点到另一个结点直至到达目的结点提供交换的功能。中间网络也叫交换网络,组成交换网络的结点叫交换结点。

数据交换技术主要包括电路交换、报文交换和分组交换。

1. 电路交换

电路交换(Circuit Switching)也叫线路交换,是数据通信领域最早使用的交换方式,例如,电话网就是使用电路交换技术。电路交换就是在数据传输期间,在源结点与目的结点之间建立一条专用的物理连接线路,直到数据传输结束。如果两个相邻结点之间的通信容量很大,通过交换结点在两个结点之间建立一条专用的通信线路,那么这两个相邻结点之间可以同时有多个物理电路。利用电路交换进行通信包括建立线路、传输数据和拆除线路三个阶段,如图 1-11 所示。

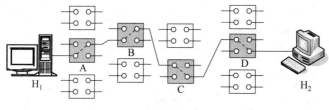

图 1-11　电路交换

- 建立线路:源结点(H_1)向网络发送带目的结点地址的请求连接信号。该信号先到达连接源结点的第一个交换结点(A),该结点根据请求中的目的结点地址,按一定的规则将请求传送到下一个结点(B);以此类推,直到目的结点(H_2)。目的结点接到请求信号后,若同意通信,则从刚才的来路返回一个应答信号,此时,源结点和目的结点之间的线路建成。
- 传输数据:源结点在已建立的线路上发送数据和控制信息,直至全部发送完毕。
- 拆除线路:源结点数据发送完毕,且目的结点也正确接收完毕,就可由某一结点提出拆线请求,拆除原来建立的线路。

电路交换方式的主要特点是用户可以以固定的速率传输数据,中间结点不对数据进行缓冲和处理,数据不丢失、不乱序,传输可靠且传输实时性好、透明性好。但这种方式下线路建立需要的时间较长,传输速率较低;线路建立后即为专用线路,线路利用率低,而且不具备数据存储和差错控制能力。

2. 报文交换

在有的应用场合,结点之间交换的数据具有随机性和突发性,如果这时用线路交换方式,就会暴露出前面谈到的缺点,产生信道容量和有效时间的浪费。一种直接的传送方法是采用报文交换(Message Switching)。

在报文交换中,不需要在两个站点之间建立一条专用通路,其数据传输的单位是报文,即源结点要一次性发送的数据块,长度不限且可变。数据传送采用存储转发方式,即一个源结点想要发送一个报文,它把一个目的地址附加在报文上,网络结点根据报文上的目的地址信息,把报文转发到下一个结点,再逐个转送到目的结点。每个结点都会收下整个报文,并检查无错误后,暂存这个报文,然后利用路由信息找出下一个结点的地址,再把这个报文传送到下一个结点。因此,源结点与目的结点之间无须事先通过呼叫建立连接。

在这里,用图 1-11 来示意一个报文从 H_1 到 H_2 的传送过程。H_1 把 H_2 的地址附加在报文上,然后把它传送到结点 A。结点 A 存储这个报文并且决定下一个路径的支路(假定到结点 B)。结点 A 若要在结点 A 到结点 B 的线路上传送这个报文,就要进行报文排队。当线路可用时,就把报文传送到结点 B。结点 B 将继续把报文传送到结点 C,再由结点 C 传送到结点 D,最后到达 H_2。

3. 分组交换

为了更好地利用信道容量,降低结点中数据量的突发性,可以将报文交换改进为分组交换,即将一个报文分成若干个分组,在线路和结点上以分组为单位进行存储、处理和转发。

在原理上,分组交换技术类似于报文交换,只是它们的数据长度不同。分组交换中规定了分组的长度。通常分组的长度小于报文交换中报文的长度。如果结点的信息超过限定的分组长度,该信息必须被分为若干个分组。

和传统的电路交换相比,分组交换具有以下优点。

- 可以进行速率、码型、规程的转换,允许不同类型、不同速率、不同编码格式和不同通信规程的终端之间互相通信,可以采用流量控制措施。
- 通信网络资源(信道和端口)采用统计时分复用,能实现多组多路通信,电路利用率高,经济性能好。
- 采用存储转发技术,可以在中继电路、用户电路间分段实施差错校验,从而使系统的不可检差错比同样条件下的电路交换方式的不可检差错要低得多,从而提高了网络利用率,保证了通信质量。
- 灵活的动态路由迂回功能,当网络发生故障时,只要还有一条通信路由,交换机就可选择避开故障路由的电路分组,使网络具有较高的可靠性和自愈能力。
- 具有安全保护措施,提高了用户使用分组网的安全性。

由于分组交换结合了报文交换和电路交换的优点,使得其性能优良,并得到了广泛的应用。但各种交换技术也有其自身的优势和特点,所适用的场合是不同的,详细情况如表 1-3所示。

表 1-3　各种交换技术比较

交换类型	适合的通信方式	不适合的通信方式
电路交换	较轻的,间歇式负数	
报文交换		交互式通信
分组交换	中等数量数据交换到大量的数据设备;短报文和具有灵活性的报文适合数据报分组交换;长交换和减轻各站的处理负担,适合虚电路分组交换	

4．混合交换

混合交换是综合电路交换和分组交换的高速交换方式,即将一部分带宽分配给线路交换使用,而将另一部分带宽分配给分组交换使用。这两种交换所占的带宽比例也是动态可调的,以便使这两种交换都能得到充分利用。ATM(异步传输模式)交换、DQDB(分布式队列双总线)交换、帧中继(Frame Relay)交换等均属于混合交换。

1.2.4　差错检验和校正

计算机网络的基本要求是高速而且无差错地传输数据信息,而通信系统主要由一个个物理实体组成。一个物理实体在制造、装配等方面都无法达到理想的理论值,此外通信系统在工作时,也会受到周围环境的影响。因此,一个通信系统无法做到完美无缺,需要考虑如何发现和纠正信号传输中的差错。

数据传输中出现差错有多种原因,一般分成内部因素和外部因素:内部因素有噪声脉冲、脉动噪声、衰减、延迟失真等;外部因素有电磁干扰、太阳噪声、工业噪声等。为了确保无差错地传输,计算机网络必须具有检错和纠错的功能。

1．奇偶校验

（1）奇偶校验的概念

奇偶校验(Parity Checking)是以字符为单位的校验方法,也称垂直冗余校验(VRC)。一个字符由 8 位组成,低 7 位是信息字符的 ASCII 码,最高位(附加位)为奇偶校验码位,接收方用这个附加位来校验传输的正确性。奇偶校验又分奇校验和偶校验两种。在偶校验时,必须保证传输字符代码中"1"的个数为偶数。例如,如果传输字符的编码中有奇数个"1",则该最高位的值应为"1",从而使得整个 8 位中的"1"的个数为偶数;反之,奇校验时,这个最高位(附加位)就为"0",正是通过该附加位的设置,保证了传输数据中"1"的个数为奇数。

表 1-4 列出了偶校验和奇校验的应用示例。表中字符"Y"的 7 位 ASCII 码为"1011001",其中有 4(偶数)个"1"。当采用偶校验时,为了保证整个二进制字符代码中"1"的个数为偶数,附加位应为"0"。这样,整个被发送的 8 位二进制字符代码为"01011001"。当采用奇校验时,为了保证整个字符代码中"1"的个数为奇数,则附加位为"1",即整个被发送的 8 位二进制代码为"11011001"。

表 1-4　奇偶校验位的设置

校验方式	附加位	ASCII 的位 7 6 5 4 3 2 1	ASCII	代表的字符
偶检验	0	1 0 1 1 0 0 1	89	Y
奇检验	1	1 0 1 1 0 0 1	89	Y

（2）奇偶校验的工作原理

当接收方收到含有附加位的数据之后，它会对收到的数据与发送端的奇检验或偶检验进行校验，并将结果与原来的奇偶校验位核对，如果有错，就要求对方重发。

由表 1-5 可知，在第 2 种方式下，传输过程中只有 1 位出错时，接收方可以正确拒收数据；在第 3 种方式下，传输过程中有两位出错，由于奇偶校验结果为正确，因此，接收方错误地接收了数据。由此可见，奇偶校验只能检测出奇数个比特位的错误，对偶数个比特位的错误则无能为力。

表 1-5　奇偶校验的工作方式

方式序号	发送方	接收方	奇校验结果
第 1 种方式	11000001	11000001	奇数个 1，检验正确
第 2 种方式	11000001	10000001	1 位出错，偶数个 1，检验错误
第 3 种方式	11000001	10000011	2 位出错，奇数个 1，检验正确
第 4 种方式	11000001	10000111	3 位出错，偶数个 1，检验错误

综上所述，奇偶校验虽然简单，但并不是一种安全的差错控制方法。一般在低速传输时出错概率较低，效果还可以令人满意。而当传输数据速率很高时，噪声脉冲很可能破坏 1 位以上的数据位，由表 1-5 示例可知，差错检验的结果很可能是错误的。因此，在通过普通电话线和 Modem 与 ISP（Internet 服务提供商）进行低速连接时，常采用奇偶校验法；而在进行高速数据传输时，则需要采用更复杂的差错控制技术。

2. 循环冗余检验

目前，最精确和最常用的差错控制技术是 CRC（Cyclic Redundancy Check，循环冗余检验）。CRC 是一种较复杂的校验方法，它是一种通过多项式除法检测差错的方法。

CRC 的检错思想：收发双方用约定的一个生成多项式 G（x）做多项式除法，求出余数多项式 CRC 校验码；发送方在数据帧的末尾加上 CRC 校验码；这个带有校验码的帧的多项式一定能被 G（x）整除。接收方收到后，用同样的 G（x）除多项式，若有余数，则传输有错。

课 外 练 习

1. 什么是计算机网络？计算机网络由哪些组成？
2. 请举出资源共享的三个例子。

3. 计算机网络有哪几种基本拓扑结构？简述它们的优缺点。

4. 计算机网络分成哪几种类型？试比较不同类型网络的特点。

5. 了解学校实验室中使用什么操作系统。

6. 观察实验室使用何种拓扑结构。

7. 什么是数据？数据和信息有什么区别？

8. 与传统的电路交换相比，分组交换具有哪些优点？

9. 常用的差错控制技术有哪几种？

第 2 章

对等网的组建和应用

    对等网是局域网中较为常见的一种网络类型,是一种在小范围内实现资源共享和信息传输最为简单的计算机网络,它具有局域网的多种优点。在学习对等网之前,首先要了解局域网的相关知识。

    本章主要介绍局域网及对等网的基础知识,并以 Windows XP Professional 为平台介绍对等网的软、硬件环境、组建方法及其相关设置。

本章主要内容

- 局域网的概念;
- 网络硬件设备及其选型;
- 对等网知识;
- IP 地址基础知识;
- 网络资源共享的设置和访问;
- 网络连接设备及网络通信介质。

能力培养目标

掌握双绞线的制作,掌握对等网的组建方法。

2.1　任务导入与问题思考

【任务导入】

任务 2.1　制作和检测双绞线

要求能制作直通和交叉的双绞线,并检测是否制作成功。

任务 2.2　安装网卡及连接设备

要求安装网卡及其驱动程序,并使用双绞线连接设备。

任务 2.3　设置计算机网络属性

要求安装网络组件,设置网络标识及配置 IP 地址、子网掩码、网关等。

任务 2.4　设置网络资源共享

要求设置访问控制及文件共享。

【问题与思考】

(1) 局域网有何特点?

(2) 局域网常用硬件设备有哪些?

(3) 网络中为何要采用 IP 地址?

(4) 对等网如何组建?

2.2　知　识　点

2.2.1　局域网概述

局域网(Local Area Networks,LAN),顾名思义,是指在相对狭小的局部区域内,为实现资源共享和信息传输而组建的计算机网络。

这里所谓的"狭小",其实只是一个相对的概念。大到拥有几百台或上千台计算机的公司或学校,小到拥有二三台计算机的家庭。因此也可以这样理解:相互连接的计算机相对集中于某一区域,而且这些计算机都属于同一个单位或部门管辖,这样组建而成的计算机网络就可以称为局域网。

局域网的主要特点如下。

- 分布范围小,覆盖几千米的地理范围;为一个单位所拥有,地理范围和站点数目均有限。
- 传输速率高,一般使用的超 5 类双绞线,传输速率为 100Mb/s。
- 传输误码率很低。
- 组网便利,成本低,维护方便。

2.2.2　认识局域网硬件设备

组建局域网,需要根据实际情况来选择各种硬件设备。下面介绍几种常见的局域网硬件设备。

1. 网卡

网卡是网络接口卡(Network Interface Card,NIC)的简称,也可以叫做网络接口适配器(Network Interface Adapter,NIA),是计算机连接网络的重要硬件设备之一。它的工作原理如下。

发送数据时,网卡首先侦听介质上是否有载波(载波通常由电压指示),如果有,则认为其他站点正在传送信息,继续侦听介质。一旦通信介质在一定时间段内(称为帧间缝隙 $IFG=9.6\mu s$)是安静的,即没有被其他站点占用,则开始进行帧数据发送,同时继续侦听通信介质,以检测冲突。

如果检测到冲突,则立即停止该次发送,并向介质发送一个"阻塞"信号,告知与其他站点已经发生冲突,从而丢弃那些可能一直在接收的受到损坏的帧数据,并等待一段随机时间(CSMA/CD 确定等待时间的算法是二进制指数退避算法),再进行新的发送。如果重传多次后(大于 16 次)仍发生冲突,就放弃发送。

接收时,网卡浏览介质上传输的每个帧,如果其长度小于 64 字节,则认为是冲突碎片。如果接收到的帧不是冲突碎片且目的地址是本地地址,则对帧进行完整性校验。如果帧长度大于 1518 字节(称为超长帧,可能由错误的 LAN 驱动程序或干扰造成)或未能通过 CRC 校验,则认为该帧发生了畸变。如果通过校验的帧被认为是有效的,网卡将它接收下来进行本地处理。

网卡的实物图如图 2-1 所示。

图 2-1 网卡

每一台计算机安装网卡后都必须安装网卡驱动程序,通过该程序可以控制计算机中网卡的工作。Windows XP 支持 PnP(即插即用)功能,因为在 Windows XP 中已经包括了一个庞大的驱动程序库,收集了各个厂家大量的不同的驱动程序。因此安装网卡后,重新启动 Windows XP,系统自动检测新的硬件,识别网卡的种类,并且自动安装最合适的网卡驱动程序,从而省去手工安装驱动程序的麻烦。

在选购网卡时要考虑以下因素。

(1) 网络类型

现在比较流行的有以太网、令牌环网、FDDI(高速光纤环网)网等,应根据网络的类型来选择相对应的网卡。

(2) 传输速率

应根据服务器或工作站的带宽需求并结合物理传输介质所能提供的最大传输速率来选择网卡的传输速率。以以太网为例,可选择的速率就有 10Mb/s、10/100Mb/s、1000Mb/s,甚至 10Gb/s 等多种。

(3) 总线类型

目前计算机中常见的总线插槽类型有 EISA、VESA、PCI、USB 和 PCMCIA 等。在服务器上通常使用 PCI 或 EISA 总线的智能型网卡,工作站则通常采用 PCI 总线的普通网卡,笔记本电脑则用 PCMCIA 总线的网卡或采用 USB 接口的便携式网卡。

(4) 网卡支持的电缆接口

网卡最终是要与网络进行连接,所以也必须有一个接口使网线通过它与其他计算机网络设备连接起来。不同的网络接口适用于不同的网络类型,目前常见的接口主要有以太网的 RJ-45 接口、BNC 接口、FDDI 接口、ATM 接口等。而且有的网卡为了适用于更广泛的应用环境,提供了两种或多种类型的接口,如有的网卡会同时提供 RJ-45 接口和 BNC 接口。

2. 交换机

交换机(Switch)是一种用于电信号转发的网络设备。它可以为接入交换机的任意两个网络结点提供独享的电信号通路。它的外形如图 2-2 所示。

交换机的主要功能包括物理编址、网络拓扑结构、错误校验、帧序列以及流控。目前交换机还具备了一些新的功能,如对 VLAN(虚拟局域网)、链路汇聚的支持,甚至有的还具有防火墙的功能。

选购交换机时,其性能除了要满足 RFC2544 建议的基本标准要求,即吞吐量、时延、丢包率外,随着用户业务的增加和应用的深入,还要满足一些额外的指标,如 MAC 地址数、路由表容量(三层交换机)、ACL 数目、LSP 容量、支持 VPN 数量等。

3. 路由器

路由器(Router)是连接多个网络或网段的设备,它能将不同网络或网段之间的数据信息进行"翻译",以使它们能够相互"读"懂对方的数据含义,并选择最佳的网络路径进行传输。路由器的外形如图 2-3 所示。

图 2-2　交换机　　　　　　　　　　　　　　图 2-3　　路由器

路由器的一个作用是连通不同的网络,另一个作用是选择信息传送的线路。选择通畅快捷的通路,能大大提高通信速度,减轻网络系统通信负荷,节约网络系统资源,提高网络系统畅通率,从而让网络系统发挥出更大的效率。

选择路由器时应注意安全性、控制软件、网络扩展能力、网管系统、带电插拔能力等。

2.2.3　认识网络通信介质

网络的信息需要经过某些介质才能传输,就好像电需要经过电线传输,电报需要电波传输一样。网络的传输介质分为有线介质和无线介质两种。常用的有线介质主要有双绞线和光纤;无线介质主要有微波和红外线。

1. 双绞线电缆及连接器

(1) 双绞线的结构

双绞线电缆由两股彼此绝缘而又拧在一起的导线组成,如图 2-4 所示。双绞线的目的是为了抵消电缆中由于电流流动而产生电磁场的干扰,对绞的两条线,扭绞的次数越多,抗干扰的能力越强。为了提高双绞线的抗干扰能力,还可在双绞线的外壳上加一层金属屏蔽护套,因此它可分为无屏蔽双绞线电缆(UTP)和屏蔽双绞线电缆(STP)两种。屏蔽双绞线电缆比无屏蔽双绞线电缆传输可靠,串音减少,具有更高的数据传输率,传输距离更远。

(2) 双绞线连接器

双绞线连接器通常被称为 RJ 插头,可用于双绞线电缆、网卡或其他设备,如集线器、调制解调器、电话等。根据双绞线电缆的类型,RJ 插头也有不同的规格,常见的是用于电话的 RJ-11 型插头(2 线)以及 RJ-45 型插头(8 线),如图 2-5 所示。

图 2-4 双绞线

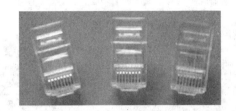

图 2-5 RJ-45 型插头

（3）无屏蔽双绞线类型

根据传输特性无屏蔽双绞线可以分为几种类型，如表 2-1 所示。

表 2-1 无屏蔽双绞线类型

类 型	导线对数	传输率	应 用 特 性
第 1 类	1	话音级	用于电话场合，但不适合数据传输（虽然也可以用于短距离场合）
第 2 类	2	4Mb/s	可以用于数据通信，但实际很少使用；568—A 标准中没有此种类型
第 3 类	4	10Mb/s	用于 10Base-T 网络及语音通信
第 4 类	4	16Mb/s	用于语音传输和 IBM 令牌环网
第 5 类	4	100Mb/s	用于语音传输和以太网 100Base-X 网络
超 5 类	4	1000Mb/s	满足大多数应用需要，尤其支持千兆以太网 1000Base-T
第 6 类	4	1000Mb/s	支持千兆以太网 1000Base-T

（4）RJ-45 接头及跳线

RJ-45 接头及跳线遵从 T568A 或 T568B 标准，如表 2-2 所示。

表 2-2 T568A 和 T568B 连接方法

	1	2	3	4	5	6	7	8
T568A	白—绿	绿色	白—橙	蓝色	白—蓝	橙色	白—棕	棕色
T568B	白—橙	橙色	白—绿	蓝色	白—蓝	绿色	白—棕	棕色

2. 同轴电缆及连接器

同轴电缆曾经是以太网中最流行的网络连接线，但是随着网络的发展，双绞线已经取代同轴电缆成为最流行的局域网的网络连接线。

同轴电缆由一根粗铜导线或多股细线组成的内导体裹一层绝缘保护材料，加上外面用圆形铜铂或细钢丝网构成的外导体组成，如图 2-6 所示。外导体起屏蔽作用，屏蔽层与内导线之间有一层厚实的绝缘材料作为隔离，整个电缆外面覆一层绝缘防护皮，外径为 10～25mm。

BNC 连接器用于同轴电缆与其他设备连接，是一系列不同的连接器的统称。这些连接器用于不同的连接部

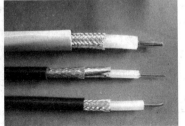

图 2-6 同轴电缆

位和目的,包括 BNC 电缆连接器(如图 2-7 所示)、BNC T 型连接器(如图 2-8 所示)以及
BNC 终结器(如图 2-9 所示)。

图 2-7　BNC 电缆连接器　　　　图 2-8　BNC T 型连接器　　　　图 2-9　BNC 终结器

3. 光纤

　　光纤的结构和同轴电缆很类似,它的中心为一根光导玻璃纤维,周围包裹着保护材料,
根据需要还可以将多根光纤合并在一根光缆里面,如图 2-10
所示。根据光信号发生方式的不同,光纤可分为单模光纤和
多模光纤。

　　光纤最大的特点就是传导的是光信号,不受外界电磁信
号的干扰,且信号的衰减速度很慢,所以信号的传输距离比其
他传输介质要远得多,特别适用于电磁环境恶劣的地方。由
于光纤的光学反射特性,一根光纤内部可以同时传送多路信
号,所以光纤的传输速度可以非常高。目前,1Gb/s 的光纤网

图 2-10　光纤

络已经成为主流高速网络,理论上光纤网络最高可达到 50000Gb/s(50Tb/s)的速度。

　　光纤网络需要把光信号转变为计算机的电信号,因此在接头上更加复杂。除了需具有
连接光导纤维的多种类型接头,如 SMa、SC、ST、FC 光纤接头外,还需要专用的光纤转发器
等设备,负责把光信号转变为计算机电信号,并且把光信号继续向其他网络设备发送。

4. 微波

　　无线电微波在数据通信中占有重要地位。微波的频率范围为 300MHz～300GHz,但主
要使用的频率范围是 2～40GHz。由于微波在空间主要是直线传播,且穿透电离层进入宇
宙空间,因此它不像短波那样可以经电离层反射传播到地面上很远的地方。这样,微波通信
就有两种主要的方式:地面微波接力通信和卫星通信。

　　微波的主要特点如下。

- 微波波段频率很高,其频段范围也很宽,因此其通信信道的容量很大。
- 因为工业干扰和电磁干扰的主要频谱成分比微波频率低得多,对微波通信的危害比
  对短波通信小得多,因而微波传输质量较高。
- 微波接力信道能够通过有线线路难以通过地区或不易架设的地区(如高山、水面等),
  故有较大的机动灵活性,抗自然灾害的能力也较强,因而可靠性较高。
- 相邻站之间必须直视,不能有障碍物。
- 隐蔽性和保密性较差。

2.2.4 认识网络组件

网络组件是指实现网络的各种功能必需的一组软件。

在 Windows XP Professional 中主要有三种类型的网络组件，它们分别是客户组件、服务组件和协议组件。在每一类中又包含了具体的组件，安装越多的组件意味着能实现的功能越多，但同时所占用的硬盘空间也就越大。

（1）客户组件

客户组件可以提供对计算机和连接到网络上的文件的访问。在 Windows XP Professional 中提供了两种客户组件。

① Microsoft 网络客户端：这个客户组件允许用户的计算机访问 Microsoft 网络上的资源。

② NetWare 客户端：允许其他 Windows XP 计算机无须运行 NetWare 客户端软件即可访问 NetWare 服务器。

（2）服务组件

服务组件为用户提供了一些其他的功能，例如文件和打印机的共享、连接其他类型的网络等。

在 Windows XP Professional 中主要包括以下三个服务组件。

① Microsoft 网络的文件和打印机共享：允许其他计算机用 Microsoft 网络访问用户计算机上的资源。

② QoS 数据报计划程序：即质量服务数据报计划程序，用于提供网络交通控制，包括流量率和优先级服务。

③ SAP 代理程序：即服务公布协议，用于公布网络上的服务器和地址。

（3）协议组件

协议组件又称网络通信协议。它是网络的重要组成部分，是计算机在网络中实现通信时必须遵守的约定，主要是对信息传输的速率、传输代码、代码结构、传输控制步骤、出错控制等做出的规定和制定出的标准。通俗地讲，网络协议就是网络之间沟通、交流的桥梁。只有相同网络协议的计算机才能进行信息的沟通与交流。

在 Windows XP Professional 中主要包括以下几个主要协议。

① Internet 协议（TCP/IP）：是为广域网而设计的一套工业标准协议，能提供跨越多种互联网络的通信，可以用于几乎任何需要传输协议的环境，但它比 IPX 和 NetBEUI 协议的速度要慢一些。目前 Internet 中使用的就是 TCP/IP 协议。

② NetBEUI 协议：是专门为小型局域网设计的协议，是一种非路由协议，不能在跨路由器的网络中使用，但它的速度比其他小型网络的传输协议速度要快许多。

③ Nwlink IPX/SPX/NETBIOS 兼容传输协议：支持将 Windows 的计算机连接到 Novell NetWare 服务器上，访问 Novell NetWare 服务器上运行的客户和服务器应用程序。

④ DLC 协议：能为使用数据链路控制协议的网络设备提供支持，可以通过该协议直接连接到打印机。同时，该协议也允许 Windows 的计算机连接到 IBM 大型机，使用 IBM 大型机的资源。

2.2.5　认识 IP 地址和工作组

1. IP 地址

在网络中,为了实现网络上计算机之间的通信,必须给每台入网的计算机分配一个网络地址,即 IP 地址,并且保证这个地址是全网唯一的。

IP 地址就像是家庭住址,如果要写信给一个人,就要知道他/她的地址,这样邮递员才能把信送到。计算机如同邮递员,它必须知道唯一的"家庭地址"才不会把信送错。只不过家庭地址是用文字来表示,而计算机的地址用数字来表示。

IP 地址是一个 32 位的二进制数,用来标识每台计算机在网络中的网络位置。为了方便人们的阅读和使用,IP 地址经常被写成十进制的形式,每 8 位(1 个字节)为一段,中间使用符号"."分开。例如一个采用二进制形式的 IP 地址是"00001010000000000000000000000001",用十进制可以表示为"10.0.0.1"。

这种 32 位的 IP 地址由两部分构成,即 Network ID(网络号)和 Host ID(主机号)。

① Network ID(网络号):也叫网络地址。每个网络区域都有唯一的网络号。

② Host ID(主机号):也叫主机地址。同一网络区域内的主机都有唯一的主机号。

显然,在 32 位的 IP 地址中,如果 Network ID 占用的位越多,则能容纳的主机数也就越少。

为了符合各种大小规模的网络需求,IP 地址被分为 A、B、C、D、E 五大类,其中 A、B、C 三类是可供主机使用的 IP 地址,而 D 类地址用于组播,E 类地址用于测试。

五类地址的范围如下。

A 类:第一位数字 1~126。

B 类:第一位数字 128~191。(127 为用于测试的特殊地址。)

C 类:第一位数字 192~233。

D 类:第一位数字 234~239。

E 类:第一位数字 240~255。

2. 子网掩码

子网掩码也占用 32 个二进制位,它有两大功能:一是用于区分 IP 地址内的 Network ID 和 Host ID;二是用于将网络切割为数个子网。

32 位子网掩码中,有多少个数字 1 就代表 Network ID 占用多少个二进制位,因此对于 A、B、C 类 IP 地址都有默认的子网掩码,如表 2-3 所示。

表 2-3　默认的子网掩码

IP 类	Network ID	Host ID	默认子网掩码(二进制)	默认子网掩码(十进制)
A	W	X.Y.Z	11111111 00000000 00000000 00000000	255.0.0.0
B	W.X	Y.Z	11111111 11111111 00000000 00000000	255.255.0.0
C	W.X.Y	Z	11111111 11111111 11111111 00000000	255.255.255.0

3. 利用子网掩码分割子网

每个子网都需要一个不同的 Network ID,这时可以为它们都申请一个 Network ID,让各个子网"共享",但如何才能保证每个子网的 Network ID 不同呢?

例如,一个网络分布在 5 个不同的区域,每个区域有 25 台计算机,只申请了一个 Network ID(202.103.10)。如果子网掩码被设置为 255.255.255.0,即 Network ID 占用 24 位,则 5 个子网的 Network ID 都是 202.103.10,与"网络号的唯一性"矛盾。

请记住"32 位子网掩码中,有多少个数字 1 就代表 Network ID 占用多少个位"。假设 把子网掩码设置为 255.255.255.224,那将意味着什么呢?

$$202.103.10 = 11001010\ 01100111\ 00001010$$

$$255.255.255.224 = 11111111\ 11111111\ 11111111\ 11100000$$

也就是说,Network ID 由 24 位扩展为 27 位,Host ID 只有 5 位。三个扩展位共有 000、001、010、011、100、101、110、111 八种组合,排除 000 和 111 以外,还有六种组合,即可 以产生六个不同的 Network ID,如表 2-4 所示。

表 2-4　Network ID 的六种情况

子网	Network ID(27 位)	Host ID(5 位)范围	IP 地址范围(十进制)
1	11001010 01100111 00001010 001	00001~11110	202.103.10.33~202.103.10.62
2	11001010 01100111 00001010 010	00001~11110	202.103.10.65~202.103.10.94
3	11001010 01100111 00001010 011	00001~11110	202.103.10.97~202.103.10.126
4	11001010 01100111 00001010 100	00001~11110	202.103.10.129~202.103.10.158
5	11001010 01100111 00001010 101	00001~11110	202.103.10.161~202.103.10.190
6	11001010 01100111 00001010 110	00001~11110	202.103.10.193~202.103.10.222

按照上述分割后,每个子网可容纳 30 台主机,总共可容纳 6×30 台主机,可满足划分要 求。当一个网络被分割为多个子网后,某些 IP 地址将无法使用。

4. 工作组

工作组是网络中一组计算机的集合,用来定义一个网络的规模和范围。它就好比现实 生活中的工作单位,同在一个工作单位的人常称为同事,他们之间可以经常见面,自由沟通; 而具有相同工作组名称,并且 IP 地址中的网络号相同的所有计算机就处于同一个网络中, 它们可以方便、高效地进行相互访问和通信。

2.2.6　对等网络基础知识

1. 局域网的种类

从连接结构、工作方式和网络操作系统方面来区分,局域网一般分成三种结构:对等网 络结构、客户机-服务器结构和主从式网络结构。其中,服务器即为网络用户提供共享资源 的计算机;客户机即访问由服务器提供的网络资源的计算机。

2. 对等网络

对等网络(Peer to Peer)是指网络上每台计算机都把其他计算机看成是平等的或者对 等的。在对等网络中,没有专用的服务器,计算机之间也没有层次的差别,所有计算机地位 都相同,因而称为对等网络。在对等网络中,每台计算机既可以充当客户机,也可以用做服务器,没有负责整个网络的管理员,而是由每台计算机的用户决定该计算机上的哪些资源可以放在网络上供其他用户使用。

1) 对等网络的特点

对等网络可以使用户以分散的形式共享资源、文件和打印机。对等网络有以下特点。

① 用户可以共享计算机上的许多资源,包括文件和打印机。

② 更适合 10 个或更少数目的用户。

③ 不是集中管理,用户文件不集中存储在某个位置。

④ 安全性能低。

对等网的功能通常是计算机操作系统软件中集成的一部分,例如现在常用的 Windows XP Professional 系统。当软件在每台工作站上进行配置后,用户就负责处理自己的资源,使资源可以提供给他人使用,并管理这些资源。

当用户进入了相同的对等网络后,他们就属于同一个工作组。各工作组的命名表示了该工作组的用户群。在对等网络中,使用的是共享级安全,也就是需要用户为资源分配口令,也可以不分配口令,这样网络中的任何人都可以使用该资源。如果使用口令保护资源,就需要把口令交给需要访问该资源的所有人。可以想象,经过一段时间后,共享口令就不能保守秘密或没有安全性了。因此为每个资源指定唯一的口令会使安全的风险最小。但是,它会使管理口令变得异常麻烦、困难。

2) 对等网络的实现

对等网络的实现相对来说比较简单。对等网络中的每一台计算机可同时作为客户机和服务器,既不需要功能强大的中央服务器,也不需要高容量网络所需要的其他组件。对等网络可以说是当今最简单的网络,非常适合家庭和小型办公室,它不仅投资少,连接也很容易。

(1) 对等网络的需求

在实际组建对等网络时,除了计算机,还需要以下硬件设备。

① 网络适配器(网卡):每一台计算机都需要一个网卡。

② 电缆介质:将计算机连接在一起。

③ 交换机:具有足够的端口以连接所有计算机。

④ 软件(包括操作系统):能够共享文件、打印机和调制解调器。

(2) 对等网络的连接

目前较常用的网络布线拓扑结构是星形。

星形网络使用双绞线连接,结构上以交换机为中心,呈放射状态连接各台计算机。由于交换机上有许多指示灯,所以遇到故障时很容易查出有故障的计算机,而且其中任意一台计算机或线路出现问题也丝毫不影响其他计算机,因此使网络系统的可靠性大大增强。另外,如果要增加一台计算机,只需连接到交换机上即可,极便于扩充网络。

100Base-T 是一种快速而安装相对较便宜的网络技术。

2.3 任务实施

任务 2.1 的实施: 制作和检测双绞线

网络设备(网卡、集线器、交换机)之间一般采用双绞线进行连接。双绞线有 4 组共 8 根线,用颜色来区分,白橙与橙、白蓝与蓝、白绿与绿、白棕与棕两两绞在一起,常用于星形拓扑结构的网络中。

1. 制作网线

第 1 步:将双绞线、RJ-45 插头(水晶头)、压线钳准备好,如图 2-11 所示。

图 2-11　准备

第 2 步:取双绞线一根(长度合适),如图 2-12 所示。用压线钳上的"剥线刀口"将双绞线的一端剥掉约 2cm 的外皮,露出 4 对电缆,如图 2-13 所示。

图 2-12　剥线

图 2-13　露出 4 对电缆

第 3 步:将四对双绞线按 T568B 标准排好顺序(参见表 2-2),如图 2-14 所示;将每根线都拉直、排拢,如图 2-15 所示。

图 2-14　按序号排好

图 2-15　排列整齐

第 4 步:如图 2-16 所示,用压线钳的"剪切刀口"将双绞线剪齐,剪齐后如图 2-17 所示。

第 5 步:取水晶头一个,将带有金属片的面朝上,并将双绞线的 8 根线插入 RJ-45 插头内(应尽量往里插,直到 RJ-45 插头的另一端能看到 8 个亮点),这一步完成后还应检查一下各线的排列顺序是否正确,如图 2-18 所示。

图 2-16　剪断

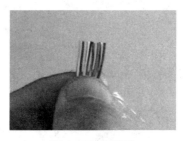

图 2-17　剪断后

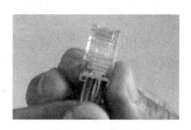

图 2-18　放入插头

第 6 步：将已插入双绞线的 RJ-45 插头放入压线钳的"压线口"内（此时要注意将双绞线的外皮一并放在 RJ-45 插头内压紧，以增强其抗拉性能），然后用力将压线钳压紧，如图 2-19 所示。再将其取出，则双绞线的一端与 RJ-45 插头的连接就完成了。

注：若双绞线水晶头两端均采用 T568B 标准制作，则称为直通线或同线序，主要用于不同设备间的连接，如交换机到网卡。若一端采用 T568A 标准，另一端采用 T568B 标准，则称为交叉线或反线序，主要用于相同设备之间的连接，如交换机（或集线器）普通端口连接到交换机（或集线器）普通端口，或网卡连接网卡。

2. 测试网线

测试线路是否畅通应使用 RJ-45 测试仪，如图 2-20 所示。测试时，把水晶头的两端都接入网线测试仪的 RJ-45 端口，如果是直通线则测试仪上的 8 个指示灯将从 1～8 依次闪亮；如果是交叉线则测试仪上的 8 个指示灯的闪亮次序将是 3、6、1、4、5、2、7、8。

图 2-19　压紧

图 2-20　RJ-45 测试仪

任务 2.2 的实施：安装网卡及连接设备

组建一个网络时，必须在每台计算机上安装网卡及其驱动程序，这样网络中的计算机才能进行相互通信。安装网卡及其驱动程序的步骤如下。

1. 安装网卡

准备好网卡设备后，首先像安装其他任何硬件一样，将网卡插入 PC 主板的一个 PCI 插槽中，并用螺丝将其固定在主机箱内。如果是 USB 接口的网卡，只需将其插入主机外置的 USB 接口即可。

2. 安装网卡驱动程序

安装好网卡后，开启计算机，系统会自动检测到网卡并提示安装网卡驱动程序，根据安装向导的提示完成安装即可。

　　注：如果系统找不到相应的网卡驱动程序，可进行如下操作。

　　（1）将网卡驱动光盘放入光驱，右击"我的电脑"，选择"属性"→"硬件"→"设备管理器"，展开"网络适配器"，右击网卡，选择"更新驱动程序"，打开"硬件更新向导"，选择"是，仅这一次"→"下一步"→"自动安装软件"→"下一步"，系统即自动搜索并安装光盘中的网卡驱动程序。

　　（2）如果没有适合的光盘，可到"驱动之家"、"中关村在线"、"华军"等网站下载驱动软件。下载驱动软件时要注意：一是品牌型号要正确；二是要清楚在什么系统上使用；三是要看该驱动软件公布的时间，选择最适合的软件下载使用。

　　（3）下载的驱动软件一般有自动安装功能，打开即自动安装。

3. 连接设备

　　计算机和交换机间采用的是直通网络线缆，安装网卡后的下一步工作就是用网线连接计算机和交换机。连接时，应将网线的一头连接在计算机的网卡接口上，另一头连接在交换机的接口上。如果交换机上的指示灯亮了（通常是亮绿灯），就表示计算机与交换机在物理上已经连通了。也可观察计算机上的网卡接口对应的指示灯，灯亮（通常是亮绿灯）则表示物理上已经连通了。

　　计算机和计算机间采用的是交叉网络线缆。连接时，将网线两头分别接在两台计算机的网卡接口上，如果网卡接口对应的指示灯亮（通常是亮绿灯），则表示物理上已经连通了。

任务2.3的实施：　设置计算机网络属性

　　在安装好网卡并连接好设备后，还需要安装对等网络的网络软件。只有在硬件与软件都正常地安装和设置好后，对等网才能真正地建立起来。网络软件的安装和设置主要包括下面几个方面。

1. 安装网络组件

　　第 1 步：右击桌面上的"网上邻居"图标，在弹出的快捷菜单中选择"属性"选项，出现"网络连接"窗口，如图 2-21 所示。

图 2-21　"网络连接"窗口

第2步：在"网络连接"窗口中右击"本地连接"图标，在弹出的快捷菜单中选择"属性"选项，打开如图2-22所示的"本地连接 属性"对话框。

第3步：选择"常规"选项卡中的"Microsoft 网络客户端"选项，然后单击"安装"按钮，打开"选择网络组件类型"对话框，在"单击要安装的网络组件类型"列表中选择"协议"选项，如图2-23所示。

图2-22 "本地连接 属性"对话框　　　　　图2-23 "选择网络组件类型"对话框

第4步：单击"添加"按钮，打开"选择网络协议"对话框，如图2-24所示。在"网络协议"列表中选择"NetBEUI Protocol"，然后单击"确定"按钮。

第5步：这时屏幕上出现如图2-25所示"要使新设置生效，必须关闭并重新启动计算机。要立即重新启动计算机吗？"的提示，单击"是"按钮，重新启动计算机后，设置生效。

图2-24 "选择网络协议"对话框　　　　　图2-25 关闭并重新启动计算机提示

第6步：参照网络协议的安装方法，在如图2-23所示的"选择网络组件类型"对话框中选择"客户"→"Microsoft 网络客户端"，完成客户组件的安装，如图2-26所示。

第7步：参照网络协议的安装方法，在"选择网络组件类型"对话框中选择"服务"→"Microsoft 网络的文件和打印机共享"选项，完成服务组件的安装，如图2-27所示。

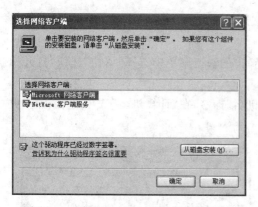

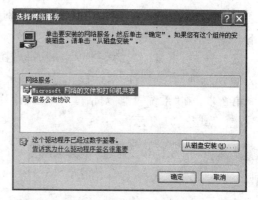

图 2-26　选择"Microsoft 网络客户端"选项　　图 2-27　选择"Microsoft 网络的文件和打印机共享"选项

2. 设置 IP 地址

第 1 步：右击桌面上的"网上邻居"图标，在弹出的快捷菜单中选择"属性"选项，出现"网络连接"窗口，如图 2-21 所示。

第 2 步：在"网络连接"窗口中右击"本地连接"图标，在弹出的快捷菜单中选择"属性"选项，打开如图 2-28 所示的"本地连接 属性"对话框。

第 3 步：在"本地连接 属性"对话框中选中"Internet 协议（TCP/IP）"并单击"属性"按钮，如图 2-28 所示。

第 4 步：在打开的"Internet 协议（TCP/IP）属性"对话框中选择"使用下面的 IP 地址"单选按钮，并分别在"IP 地址"、"子网掩码"和"默认网关"右侧的文本框中输入数值，如图 2-29 所示。

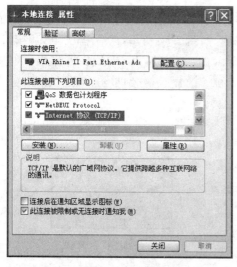

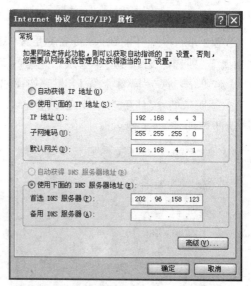

图 2-28　"本地连接 属性"对话框　　　图 2-29　"Internet 协议（TCP/IP）属性"对话框

第 5 步：完成上述设置后，单击"确定"按钮，则 IP 地址设置开始生效。

3. 设置网络标识

在网络中，每台计算机都需要有一个计算机名和所属的工作组，可以通过更改网络标识

来进行设置。网络标识是网络中其他用户识别该计算机的重要标志。设置网络标识的步骤
如下。

第 1 步：右击桌面上的"我的电脑"图标，在弹出的快捷菜单中选择"属性"选项，打开如
图 2-30 所示的"系统属性"对话框。

第 2 步：在"系统属性"对话框中单击"计算机名"标签，在"计算机名"选项卡中单击"更
改"按钮，如图 2-31 所示。

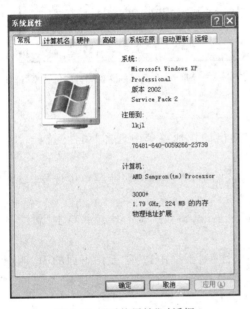

图 2-30　"系统属性"对话框

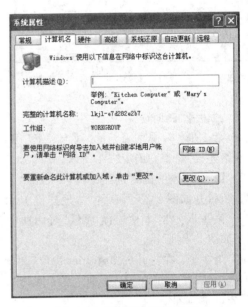

图 2-31　"计算机名"选项卡

第 3 步：在打开的"计算机名称更改"对话框的"计算机名"文本框中设置计算机名，在
"隶属于"处选择"工作组"单选按钮并输入工作组名，如图 2-32 所示，然后单击"确定"按钮。

第 4 步：这时屏幕上先后出现如图 2-33 所示的"欢迎加入 CLASS 工作组。"和如
图 2-34 所示的"要使更改生效，必须重新启动计算机。"的提示，分别单击"确定"按钮，重新
启动计算机后，即可使更改生效。

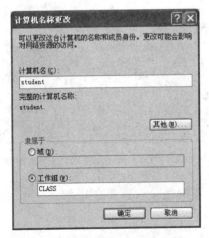

图 2-32　"计算机名称更改"对话框

图 2-33　提示窗口

图 2-34　重新启动计算机提示

将连接的其他所有计算机按照任务 2.2 和任务 2.3 的操作过程进行设置,完成后,一个小型对等网络就组建好了。

任务 2.4 的实施: 设置网络资源共享

建立、设置、维护一个对等网络的最根本的目的在于实现资源的共享。在对等网络中,要实现资源共享,需要进行以下操作。

1. 访问控制

访问控制是批准用户、组和计算机访问网络上的对象的过程。它的操作步骤如下。

(1) 启用 Guest 账户

在很多情况下,为了本机系统的安全,Guest 账户是被禁用的,这样就无法访问该计算机上的共享资源,因此必须启用 Guest 账户。

第 1 步:右击桌面上的"我的电脑"图标,在弹出的快捷菜单中选择"管理"选项,出现"计算机管理"窗口,如图 2-35 所示。

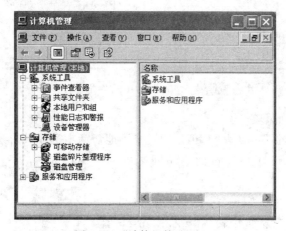

图 2-35 "计算机管理"窗口

第 2 步:依次展开"计算机管理(本地)"→"系统工具"→"本地用户和组"→"用户",找到 Guest 账户,如图 2-36 所示。这时的 Guest 账户出现一个红色的叉号,表明该账户已被停用。

图 2-36 找到 Guest 账户

第3步：右击 Guest 账户，在弹出的快捷菜单中选择"属性"选项，打开"Guest 属性"对话框，如图 2-37 所示。

第4步：在"Guest 属性"对话框中取消选中"账户已停用"复选框，如图 2-38 所示。然后单击"确定"按钮，即可启用 Guest 账户。

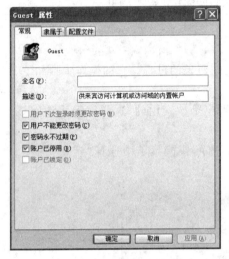

图 2-37　"Guest 属性"对话框　　　　　图 2-38　取消选中"账户已停用"复选框

（2）修改用户访问策略

虽然启用了本机的 Guest 账户，但用户还是不能访问本机提供的共享资源，这是因为组策略默认不允许 Guest 账户通过网络访问本机，因此，需修改用户访问策略。

第1步：单击"开始"→"运行"，在打开的如图 2-39 所示的"运行"对话框中输入"gpedit.msc"，打开"组策略"窗口，如图 2-40 所示。

第2步：在"组策略"窗口中依次展开"'本地计算机'策略"→"计算机配置"→"Windows 设置"→"安全设置"→"本地策略"→"用户权利指派"选项，如图 2-41 所示。

图 2-39　"运行"对话框

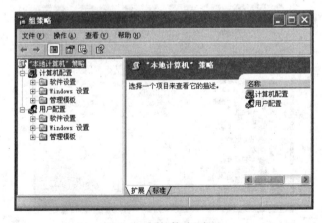

图 2-40　"组策略"窗口

图 2-41　找到"用户权利指派"选项

第 3 步：在窗口右边栏中找到"拒绝从网络访问这台计算机"选项并双击，打开"拒绝从网络访问这台计算机 属性"对话框，如图 2-42 所示。

图 2-42　"拒绝从网络访问这台计算机 属性"对话框

第 4 步：单击选中列表中的 Guest 选项，如图 2-43 所示，然后单击"删除"按钮，将此项从列表中删除，如图 2-44 所示。最后单击"确定"按钮，即可允许 Guest 账户从网络中访问该计算机。

2. 共享与取消文件

文件的共享可以根据实际需要设置或取消。

（1）设置文件共享

将文件夹"D:\CuteFTP"设置为共享文件夹的操作过程如下。

第 1 步：双击桌面上的"我的电脑"图标，打开"我的电脑"窗口，如图 2-45 所示。

第 2 步：在"我的电脑"窗口中，双击"本地磁盘 C："，在打开的窗口中，右击欲设置成共享的文件夹，在弹出的快捷菜单中选择"共享和安全"选项，如图 2-46 所示。

图 2-43 单击选中 Guest 选项

图 2-44 删除 Guest 选项

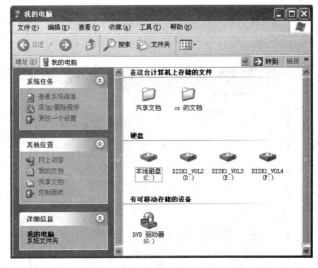

图 2-45 "我的电脑"窗口

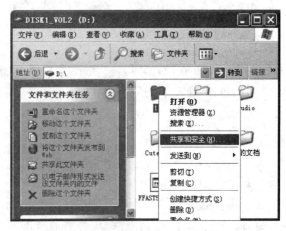

图 2-46 选择"共享和安全"选项

第 3 步：在打开的所选文件夹属性对话框中，单击"共享"标签，然后在"共享"选项卡的"网络共享和安全"区域中选择"在网络上共享这个文件夹"复选框，如图 2-47 所示。

第 4 步：在"共享名"文本框中，可以输入该文件夹共享时的名称，则其他用户访问该文件夹看到的名称将和"共享名"文本框中填写的一致，如图 2-48 所示。

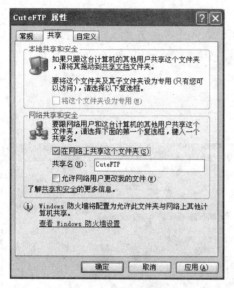

图 2-47　设置文件夹共享

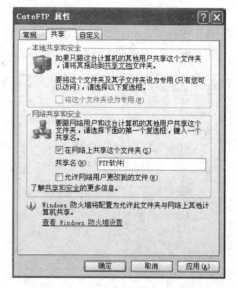

图 2-48　输入共享名

第 5 步：如果想允许用户对共享的文件进行修改，可以选中"允许网络用户更改我的文件"复选框，如图 2-49 所示。

第 6 步：单击"确定"按钮，完成文件共享的设置。这时，共享文件夹变成如图 2-50 所示的图标。

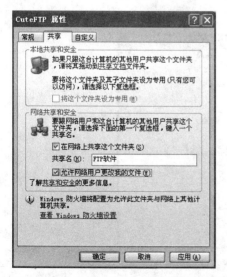

图 2-49　选中"允许网络用户更改
我的文件"复选框

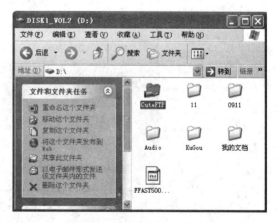

图 2-50　显示共享文件夹图标

（2）取消文件共享

参照设置文件共享的操作打开文件夹属性对话框，在该对话框中取消选中"在网络上共享这个文件夹"复选框，即可完成取消共享的设置，如图2-51所示。

3. 访问共享文件夹

当局域网中的一台计算机设置好共享文件夹后，其他网络用户就可以通过网络来访问共享的文件夹了。访问共享文件夹的操作步骤如下。

第1步：双击桌面上的"网上邻居"图标，打开"网上邻居"窗口，如图2-52所示。

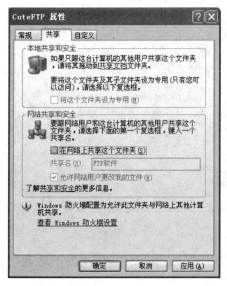

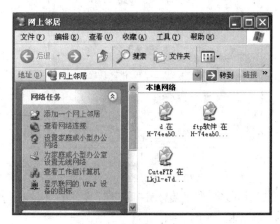

图2-51　取消文件共享　　　　　　图2-52　"网上邻居"窗口

第2步：单击窗口左边"网络任务"区域中的"查看工作组计算机"选项，这时在窗口右边栏中可以看到对等网中的所有计算机图标，如图2-53所示。

图2-53　显示对等网中的所有计算机图标

第3步：双击其中一个计算机图标（用户正在使用的这台计算机除外），即可访问该计算机，如图2-54所示，此时可以看到已设置的共享文件夹。

图 2-54　已设置的共享文件夹

第 4 步：双击要访问的文件夹图标，即可打开该文件夹，如图 2-55 所示。用户可以像操作本地计算机中的文件那样对该文件进行操作。

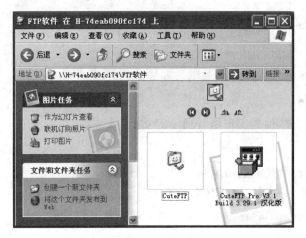

图 2-55　打开文件夹

2.4　实　　训

实训 2.1　绘制网络拓扑图

实训目的：
了解局域网的网络结构和常用硬件设备。

实训内容：
绘制学校网络室的拓扑结构图并列出使用硬件的清单。

实训步骤：
（1）参观学校网络室，了解学校网络室的网络结构。

(2) 绘制学校网络室的拓扑结构图。

(3) 列出学校网络室的所有硬件设备清单。

实训 2.2　组建小型局域网

实训目的：

掌握组建小型局域网并实现资源共享的方法。

实训内容：

组建一个由三台计算机和网络设备组成的小型局域网，实现文件和打印机共享。

实训步骤：

(1) 制作网线。

(2) 安装及连接硬件。

(3) 安装及配置组件。

(4) 设置资源共享。

(5) 实现文件和打印机共享。

实训 2.3　组建家庭局域网与语音通讯

实训目的：

掌握在家庭局域网中实现语音通讯的方法。

实训内容：

安装 Netmeeting 软件并实现语音通讯等功能。

实训步骤：

(1) 安装、连接及设置家庭局域网。

(2) 安装和设置 Netmeeting 软件。

(3) 使用 Netmeeting 的各种命令实现语音通讯及其他功能。

课 外 练 习

1. 简述局域网的概念和主要特点。

2. 在 C 类 IP 地址中，Network ID 占用 24 个二进制位，Host ID 占用 8 个二进制位。如果将 Host ID 中的最高 4 位作为 Network ID，则可分割多少个子网？每个子网最多可以容纳多少台主机？

3. 查找资料，完成组建一个无线局域网的实践活动，并写出实践报告。

第 3 章

Internet 的连接及应用

Internet 是全球性的、最具影响力的计算机互联网络,它提供了丰富的信息资源和应用服务。通过 Internet,人们可以非常方便地浏览、查询、下载、复制和使用这些信息。本章将介绍 Internet 的终端连接及 Internet 的常见应用。

本章主要内容

- Internet 的概念、起源与发展;
- Internet 的功能;
- Internet 的接入;
- Internet 的常见应用。

能力培养目标

掌握建立 Internet 连接的方法和能力。

3.1 任务导入与问题思考

【任务导入】

任务 3.1 使用 ADSL Modem 拨号上网

根据提供的网卡、ADSL Modem 等硬件设备,完成硬件的安装与连接,建立 ADSL 虚拟拨号连接,实现 ADSL 虚拟拨号上网。

任务 3.2 使用 ADSL 路由器拨号上网

根据提供的网卡、ADSL Modem、ADSL 宽带路由器等硬件设备,完成硬件的安装与连接,配置 ADSL 宽带路由器,实现 ADSL 虚拟拨号上网。

任务 3.3 保存网页信息

对选取的网页信息进行保存。

任务 3.4 申请和使用电子邮箱

申请免费的电子邮箱并使用。

【问题与思考】

(1) 什么是 Internet?

(2) Internet 的主要组成部分有哪些?

(3) Internet 的功能有哪些?

(4) Internet 的接入方法有哪几种?

(5) 如何实现计算机与 Internet 的连接?

3.2 知 识 点

3.2.1 Internet 概述

1. 什么是 Internet

Internet,中文正式译名为因特网,又叫做国际互联网,是全球性的、最具影响力的计算机互联网络,同时也是世界范围的信息资源宝库。从技术角度看,Internet 是一种计算机互联网,它运行 TCP/IP 协议,并且由分布在世界各地的、数以万计的、各种规模的计算机网络,借助于网络互联设备——路由器相互连接而成。目前 Internet 已经遍布全球一百八十多个国家和地区,从而构成了一个全球范围内的网络。从用户角度看,Internet 是一个信息资源网,接入 Internet 的主机既可以是信息资源及服务的提供者,也可以是信息资源及服务的使用者。所有的 Internet 用户并不需要关心 Internet 内部的结构,他们所面对的只是接入 Internet 的大量主机及它们所提供的信息资源和服务。

2. Internet 的主要组成部分

(1) 通信线路

通信线路是 Internet 的基础设施,各种各样的通信线路将 Internet 中的路由器、计算机连接起来。这些通信线路既可以是有线线路,也可以是无线线路;既可以由社会公用数据网提供,也可以由单位自己建设。通常使用"带宽"和"速率"来描述通信线路的传输能力。带宽越宽,传输速率越高,通信线路的传输能力也就越强。

(2) 路由器

网络可以在不同的层次上进行互联,而 Internet 的互联主要是通过路由器进行。路由器是 Internet 中最为重要的设备之一,它是网络与网络之间连接的桥梁。

(3) 服务器与客户机

计算机是 Internet 中的主角,它是信息资源和服务的载体。接入 Internet 的主机按其在 Internet 中扮演的角色不同,可以分成两类:服务器和客户机。服务器借助于服务器软件向用户提供服务和管理信息资源,用户通过客户机中装载的访问各类 Internet 服务的软件访问 Internet 上的服务和资源。Internet 上的计算机统称为主机。

(4) 信息资源

信息资源是用户最为关心的问题之一,广大用户访问 Internet 的主要目的就是获取信息资源。如何组织好 Internet 的信息资源,使用户方便、快捷地获取信息资源一直是 Internet 的发展方向。目前,Internet 上信息资源的种类极为丰富,主要包括文本、图像、声音或视频等多种类型信息,涉及人们生活与工作的各个方面。

3. Internet 的基本功能

Internet 实际上是一个应用平台,在它的上面可以开展很多种应用。概括来说,Internet 的功能主要有以下几个方面。

(1) 信息的获取与发布

Internet 是一个信息的海洋,任何人都可以通过它得到无穷无尽的信息,这些信息的内容涉及社会的各个方面,包罗万象,几乎无所不有。通过 WWW(World Wide Web,万维网)(一个基于超文本 Hypertext 方式的信息查询工具,基于客户机/服务器模式,整个系统由 Web 服务器、浏览器和通信协议组成),将位于全世界不同地点的相关数据信息有机地组织在一起,形成一个巨大的公共信息资源网。用户坐在家中点击鼠标就能了解到全世界正在发生的事情,也可以将自己的信息发布到 Internet 上。另外,WWW 也提供传统的 Internet 服务,例如 Telnet(远程登录)、FTP(远程传输文件)、Gopher(基于菜单的信息查询工具)和 Usenet News(Internet 的电子公告牌服务),如图 3-1 所示。

图 3-1　浏览 Internet 上的信息

(2) E-mail(电子邮件)的接收与发送

E-mail(电子邮件)是指发送者和指定的接收者利用计算机通信网络发送信息的一种非交互式的通信方式。这些信息包括文本、数据、声音、图像、视频等内容。

由于 E-mail 采用了先进的网络通信技术,又能传送多种形式的信息,与传统的邮政通信相比,E-mail 具有传输速度快、费用低、高效率、全天候全自动服务等优点,同时 E-mail 的传送不受时间、地点、位置的限制,发送者和接收者可以随时进行信件交换,使 E-mail 得以迅速普及。近年来,随着电子商务、网上服务(如电子贺卡、网上购物等)的不断发展和成熟,E-mail 将越来越成为人们主要的通信方式,如图 3-2 所示。

(3) 文件传送服务

文件传送服务是目前计算机网络中最广泛的应用之一。在 Internet 中,文件传送服务

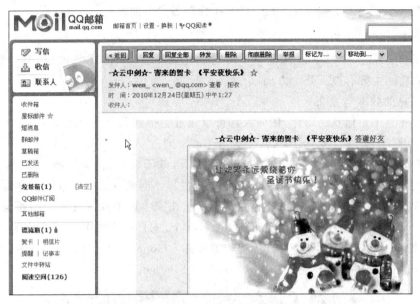

图 3-2　电子邮件贺卡

采用，FTP(File Transfer Protocol，文件传输协议)。用户可以通过 FTP 与远程主机连接，从远程 FTP 主机上把共享软件或免费资源复制到本地计算机(通常称"客户机")上，也可以从本地计算机上把文件复制到远程 FTP 主机上。例如，当完成自己所设计的网页时，可以通过 FTP 软件把这些网页文件传输到指定的服务器中去，如图 3-3 所示。

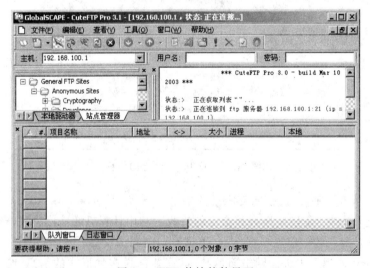

图 3-3　FTP 传输软件界面

（4）网上聊天

网上聊天是目前相当受欢迎的一项网络服务。人们可以安装聊天工具软件，并通过网络以一定的协议连接到一台或多台专用服务器上进行聊天。在网上，人们利用网上聊天室发送文字等消息与别人进行实时的"对话"。目前，网上聊天除了能传送文本消息外，还能传送语音、视频等信息，即语音聊天室等。聊天室具有信息实时传送功能，用户甚至可以在几秒钟内就能看到对方发送过来的消息,同时还可以选择许多个性化的图像和语言。另外,人们还可以采用匿名的方式在网上进行聊天,谈话的自由度更大,如图 3-4 所示。

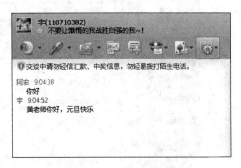

（5）电子商务

电子商务通常是指在全球广泛的商业贸易活动中,在 Internet 开放的网络环境下,基于浏览器/服务器应用方式,买卖双方以不谋面的方式进行各种商贸活动,实现消费者、商户之间的网上各种商务活动、交易活动、金融活动和相关的综合服务活动的一种新型的商业运营模式。目前越来越多的人走进了电子商务,网上贸易发

图 3-4　腾讯 QQ 聊天软件窗口

展得如火如荼,例如网上购物、网上商品销售、网上拍卖、网上货币支付等。当前,电子商务在海关、外贸、金融、税收、销售、运输等各方面都得到了广泛应用,如图 3-5 所示。

图 3-5　电子商务网站

（6）电子公告板（BBS）

BBS 是 Bulletin Board System 的缩写,也称电子公告板系统。在计算机网络中,BBS系统是为用户提供一个参与讨论、交流信息、张贴文章、发布消息的网络信息系统。大型的BBS 系统可以形成一个网络体系,用 WWW 或 Telnet 方式访问。有的 BBS 只有一个小型的电子邮件系统,它一般通过 Modem 和电话线相连接而实现,如图 3-6 所示。

（7）网络电话

网络电话是一项革命性的产品,它可以通过 Internet 进行实时的传输及双边的对话。用户可以通过当地的 Internet 提供商（ISP）或电话公司,以市内电话费用的成本打给世界各地的其他网络电话使用者。网络电话和传统电话在架构上有明显的不同。传统电话是通过

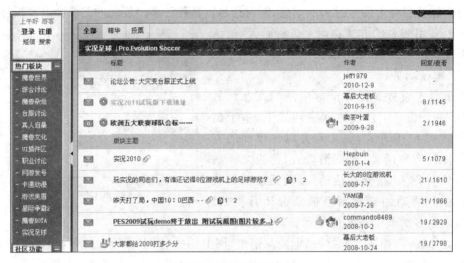

图 3-6　BBS 论坛网站

公用交换电话网的电路交换网络来传送声音,网络电话是利用网关(Gateway)技术,将语音封包通过网际网络送出。每一个封包都加密并附有地址及目的地。这些封包到达目的地时会重组再转换成一般的通话声音。网络电话通过 Internet 比通过电路交换网络所传输的资料更多。一条传统电话的语音频道需要 56Kb/s,然而网络电话每一语音频道依据使用的压缩技术最多只使用 10~15Kb/s 的频宽,而且可以和其他数据资料共同使用同一条线路,从而降低成本并提高线路的使用率。网络电话的界面如图 3-7 所示。

(8) 远程访问

Internet 的出现将改变传统的办公模式,人们可以在家里工作,然后通过网络将工作的结果传回单位;出差的时候,不用带上很多的资料,因为随时都可以通过网络"回到"单位提取需要的信息,Internet 使全世界都可以成为人们办公的地点,而这一切,都是通过远程访问来实现的,如图 3-8 所示。

图 3-7　网络电话软件界面

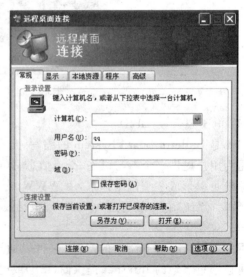

图 3-8　"远程桌面连接"窗口

（9）Internet 的其他应用功能

Internet 还有很多其他的应用功能，例如远程教育、远程医疗等。

总而言之，在信息世界里，以前只有在科幻小说中出现的各种现象，现在已经在慢慢地成为现实。Internet 还处在不断发展的状态，难以预料未来的 Internet 将会怎样。

3.2.2　Internet 的接入

Internet 的世界丰富多彩，然而要想享受 Internet 提供的服务，则必须将计算机或整个局域网接入 Internet。ISP（Internet Service Provider，Internet 服务提供商），是用户与Internet 之间的桥梁，即要实现连接 Internet，首先与 ISP 连接，再通过 ISP 连接到 Internet上。它是能为用户提供 Internet 接入服务的公司。中国现在有很多 ISP，目前最常见的 ISP有中国电信、中国联通、中国移动等公司。

目前，常见的 Internet 接入方式有拨号、ADSL（Asymmetric Digital Subscriber Line，非对称性数字用户线路）、专线和 Cable Modem（电缆调制解调器）接入、无线接入等几种方式。

1. 拨号接入

拨号接入就是利用调制解调器（Modem）将计算机通过电话线与 Internet 主机相连。当需要上网时，拨打一个特殊的电话号码（即上网账号），即可将计算机与 Internet 主机连接起来，从而进入 Internet 世界。图 3-9 为拨号接入 Internet 的示意图。

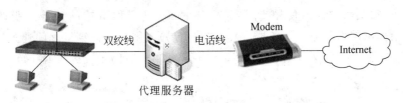

图 3-9　拨号接入 Internet 示意图

拨号接入操作简单、使用方便、灵活性强，除了计算机外，用户需准备一条电话线和一台调制解调器，软件方面则需具备 TCP/IP 软件和 SLIP/PPP 软件，并向 ISP 申请一个用户账号。

拨号接入方式的缺点是上网速度慢，有时连接不稳定，容易出现掉线现象。随着 ADSL宽带的普及，拨号接入已经逐渐被淘汰。

2. ADSL 宽带接入

ADSL 是 DSL 大家庭中的一员，其技术比较成熟，具有相关标准，发展较快，所以备受关注。ADSL 仍旧以普通的电话线为传输介质，但它采用先进的数字信号处理技术与创新的数据演算方法，在一条电话线上使用更高的频率范围来传输数据，并将下载、上传和语音数据传输的频道分开，在一条电话线上可以同时传输 3 个不同频道的数据，这样突破了传统Modem 的 56Kb/s 最大传输速率的限制。

ADSL 能够实现在一根电话线上同时传输数字信号与模拟信号的关键在于使用了多路复用技术，即将电话线的频带划分为两个子频段，一个是高频段部分，另一个是低频段部分，高频段用于传输数字信号，低频段用于传输模拟信号。从 Internet 主机到用户端（下行频道)传输的带宽比较高,用户端到 Internet 主机(上行频道)的传输带宽则比较低。这样设计既保持了与现有电话网络频段的兼容性,也符合一般使用 Internet 的习惯与特性。

除了计算机外,使用 ADSL 接入 Internet 需要的硬件设备有一台 ADSL 分离器、一台 ADSL Modem 和一条电话线,连接起来的结构如图 3-10 所示。

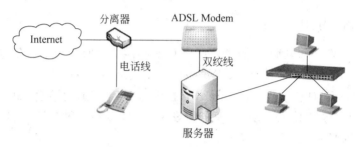

图 3-10　ADSL 宽带接入 Internet 示意图

使用 ADSL 接入 Internet 的优点是速度快,打电话、上网两不误,因为多数地区采用包月或包年计费,比较经济实惠。其缺点是有效传输距离有限,一般在 3～5km 范围内,所以离电信局较远的用户将无法申请 ADSL 服务。

由于 ADSL 良好的性价比,所以它在国内掀起了一股 ADSL 宽带接入热。尤其是家庭用户、中小企业用户及 Internet 服务场所,只要条件允许,多数选择 ADSL 接入 Internet。

3. 专线接入

如果需要 24 小时在线,使用专线接入 Internet 是一种不错的选择。所谓专线接入 Internet 是指提供网络服务的服务器(一般在电信局)与用户的计算机之间通过路由器建立一条网络专线,使用户 24 小时享受 Internet 服务。图 3-11 为专线接入 Internet 示意图。

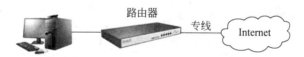

图 3-11　专线接入 Internet 示意图

申请专线接入 Internet 时,通常选择包月或包年的计费方式。即不管上网时间长短,付出的上网费是固定的。因此,这种接入方式的用户群多属于企业或单位用户,对于普通的家庭用户,如果不需要长时间上网,使用专线是一种浪费。

4. Cable Modem 宽带接入

目前,全球范围内最具有影响力的两种宽带接入技术是基于普通铜质电话网络的 ADSL 和基于有线电视网络的 Cable Modem。Cable Modem 是适用于电缆传输体系的调制解调器,它利用有线电视电缆的工作机制,使用电缆带宽的一部分来传送数据。

早在 1994 年,就产生了利用有线电视电缆连接 Internet 的技术,而且也推出了相应的产品,但由于当时有线电视普及率不高,使该项技术被搁置。时至今日,伴随着有线电视在城市的普及,使得 Cable Modem 宽带接入 Internet 的技术有条件在城市推广开来。

Cable Modem 通常也实行包月收费制,用户无须拨号,只要打开计算机即可通过 Cable Modem 自动建立与 Internet 的高速连接,而且上网和看有线电视两不误。图 3-12 为 Cable

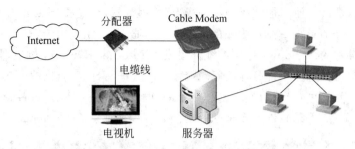

图 3-12　Cable Modem 接入 Internet 示意图

Modem 接入 Internet 示意图。

5. 无线接入

　　无线上网的方式目前有两种，一种是使用无线局域网，用户端使用计算机和无线网卡，服务端使用无线信号发射装置（AP）提供连接信号。使用该方式上网速度快，一般在机场、车站和娱乐场所等安装无线信号发射装置的地方都可以上网，但是每个 AP 只能覆盖数十米的空间范围。第二种是直接使用手机卡，通过移动通信来上网。使用该上网方式，用户需使用无线调制解调器，服务器端则是由中国移动或中国联通等服务商提供接入服务。这种方式的优点是没有地域限制，只要有手机信号，当地开通无线上网业务即可。其缺点是速度比较慢，无线接入示意图如图 3-13 所示。

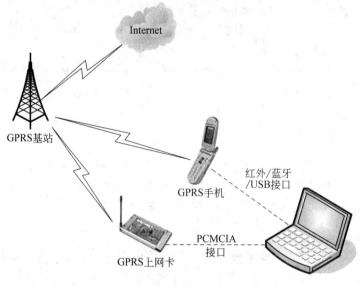

图 3-13　无线接入示意图

3.2.3　认识 Web 浏览器

　　Web 浏览器又称 Web 客户程序，是一种用于获取 Internet 网上资源的应用程序，是查看万维网中的超文本文档及其他文档、菜单和数据库的重要工具。目前最常见的浏览器是 Microsoft Internet Explorer。

　　Microsoft Internet Explorer（简称 IE）浏览器是 Microsoft 公司开发的基于超文本技术

的 Web 浏览器,是目前使用最广泛的一种 WWW 浏览器,也是访问 Internet 必不可少的工具。Internet Explorer 是一种开放式的 Internet 集成软件,由多个具有不同网络功能的软件组成。目前常用的 Windows 操作系统都集成了 Internet Explorer 浏览器,使 Internet 成为与操作系统不可分割的一部分,这种集成性与最新的 Web 智能化搜索工具的结合,使用户可以得到与喜爱的主题有关的信息。Internet Explorer 还配置了一些特有的应用程序,具有浏览、收发邮件、下载软件等多种网络功能。其界面如图 3-14 所示。

图 3-14　IE 浏览器界面

3.2.4　认识搜索引擎

搜索引擎是专门帮助用户查询信息的站点,通过这些具有强大查找能力的站点,用户可以方便、快捷地查找到所需信息。因为这些站点提供全面的信息查询和良好的速度,就像发动机一样强劲有力,所以把这些站点称为“搜索引擎”。

1. 搜索引擎分类

搜索引擎按其工作方式主要可分为三种类型,分别是全文搜索引擎、目录索引类搜索引擎和元搜索引擎。

（1）全文搜索引擎

全文搜索引擎是名副其实的搜索引擎,国外具有代表性的有 Google、Fast/AllTheWeb、AltaVista 等,国内著名的有“百度”。它们都是通过从 Internet 上提取各个网站的信息(网页文字为主),检索与用户查询条件匹配的相关记录,然后按一定的排列顺序将结果返回给用户。

从搜索结果来源的角度看,全文搜索引擎又可细分为两种:一种是拥有自己的检索程序,并自建网页数据库,搜索结果直接从自身的数据库中调用,如上面提到的搜索引擎;另一种则是租用其他引擎的数据库，并按自定的格式排列搜索结果，如 Lycos 引擎。

（2）目录索引类搜索引擎

目录索引类搜索引擎虽然有搜索功能，但在严格意义上算不上是真正的搜索引擎，仅仅是按目录分类的网站链接列表而已。用户完全可以不用进行关键词查询，仅靠分类目录也可找到需要的信息。国内目录索引类搜索引擎主要有雅虎、搜狐、新浪、网易等。

（3）元搜索引擎

元搜索引擎在接受用户查询请求时，同时在其他多个引擎上进行搜索，过滤掉重复的网站后将结果返回给用户。著名的元搜索引擎有 InfoSpace、Dogpile、Vivisimo 等，中文元搜索引擎中具有代表性的有"搜星"搜索引擎。在搜索结果排列方面，有的元搜索引擎直接按来源引擎排列搜索结果，如 Dogpile；有的元搜索引擎则按自定的规则将结果重新排列组合，如 Vivisimo。

2. 搜索的技巧

搜索引擎为用户查找信息提供了极大的方便，只需输入几个关键词，即可搜索到想要的资料。然而如果操作不当，搜索效率也是会大打折扣的。

例如，本想查询某方面的资料，可搜索引擎返回的却是大量无关的信息。这种情况下责任通常不在搜索引擎，而在于浏览者没有掌握提高搜索精度的技巧。下面介绍一些能提高信息检索效率的技巧。

（1）使用关键字搜索

关键字是指经过规范的、最能够体现检索意图的中心词。提供的关键字越精确，查询结果就越符合需要。

使用关键字搜索的方法非常简单，打开一个搜索引擎，在其文本框中输入关键字，再按 Enter 键或单击"搜索"按钮即可。关键字可以是一个，也可以是多个。在输入多个关键字时，关键字之间要用空格隔开。使用多个关键字可以更加精确地搜索需要的结果。

【例 3-1】　使用多个关键字通过百度搜索引擎搜索有关电影《风云》的网页。具体操作如下。

在百度搜索网页的搜索文本框中输入"电影 风云"，单击"百度一下"按钮，得到如图 3-15 所示的结果。

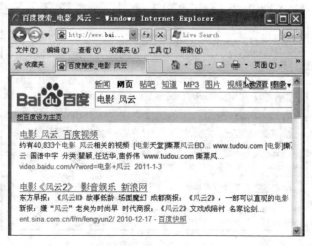

图 3-15　关键字搜索

（2）搜索结果要求不包含某些特定信息

为了更精确地搜索需要的结果，可以在搜索时将无关的信息排除。这时可以在关键字后面输入减号"－"，后面再跟上要排除的关键字。

【例3-2】 搜索"电影 风云"时，排除"精武风云"的信息。具体操作如下。

在百度搜索网页的搜索文本框中输入"电影 风云 －精武风云"，单击"百度一下"按钮，得到如图3-16所示的结果。

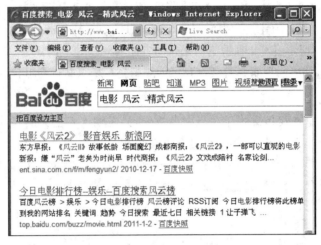

图3-16 排除关键字搜索

（3）将搜索结果限制在某个或某类网站

为了进一步缩小搜索范围，可以将搜索结果局限于某个具体网站、网站频道或某类网站，通过在关键字后添加 site 限制词即可实现此类限制，格式为"关键字 site：网站名"。

【例3-3】 搜索软件 WinRAR 的相关内容，并将搜索范围限制在太平洋软件网站中。具体操作如下。

在百度搜索网页的搜索文本框中输入"WinRAR site：www. pconline. com. cn"，单击"百度一下"按钮，得到如图3-17所示的结果。

图3-17 限制范围搜索

（4）查找包含关键字的某一类文件

使用搜索引擎不仅能搜索一般的文字页面，还能对某些专用文档进行搜索，如 Microsoft Office 文档（.doc、.xls、.ppt）、Adobe 的.pdf 文档、ShockWave 的.swf 文档等。这种搜索方式的格式为：“文件名 filetype:程序扩展名”。

【例 3-4】　搜索关于网络技术的 doc 文档。具体操作如下。

在百度搜索网页的搜索文本框中输入“网络技术 filetype:doc”，单击“百度一下”按钮，得到如图 3-18 所示的结果。

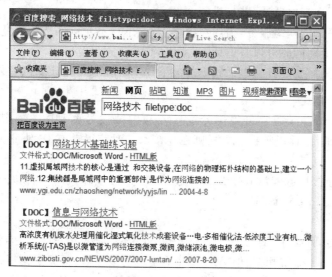

图 3-18　指定文件类型搜索

3.2.5　认识电子邮件

电子邮件是伴随 Internet 而来的一种新型的通信方式，它方便、快捷、成本低廉，一经推广便迅速得到广大网络用户的青睐，几乎完全颠覆了传统的纸媒通信方式。电子邮件还具有群发功能，并且内容多样，除普通文字内容外，还可以包含软件、数据，甚至是录音、动画、电视或其他各类多媒体信息，使得人们足不出户便可以与世界各地的朋友交流信息和资料。

用户使用电子邮件服务的前提是拥有自己的电子邮箱。电子邮箱通常又称为电子邮件地址（E-mail Address）。电子邮箱是提供电子邮件服务的机构为用户建立的，实际上是该机构在与 Internet 联网的计算机上为用户分配的一个专门用于存放往来邮件的磁盘存储区域，这个区域是由电子邮件系统管理的。

3.3　任 务 实 施

任务 3.1 的实施：使用 ADSL Modem 拨号上网

随着网络技术的迅猛发展，特别是网上影院和视频点播服务的提供，传统电话和普通 Modem 拨号上网方式受其速度的限制也逐步走向淘汰，新的宽带技术逐步取代传统的上网方式。其中 ADSL 宽带上网方式因其速度快、投资少和资费便宜等优点，使其在短时间内得以迅猛发展。

1. ADSL 工作原理及其特点

ADSL 技术是运行在原有普通电话线上的一种新的高速宽带技术,它利用现有的一对电话铜线,为用户提供上行、下行非对称的传输速率(带宽)。非对称主要体现在上行速率和下行速率的非对称性上。上行(从用户到网络)为低速传输,可达 640Kb/s;下行(从网络到用户)为高速传输,可达 8Mb/s。

ADSL 这种宽带接入技术具有以下特点。

- 可直接利用现有电话线,节省投资。
- 可享受超高速的网络服务,为用户提供上行、下行不对称的传输带宽。
- 节省费用,上网同时可以打电话,互不影响。
- 安装简单,只需要在普通电话线上加装 ADSL Modem,在计算机上装上网卡即可。

2. ADSL 接入方式

ADSL 接入 Internet 通常可采用专线接入和虚拟拨号两种方式。其中,专线接入由 ISP 分配静态 IP 地址,而虚拟拨号方式则在连接 ISP 时获得动态 IP 地址。

(1) 专线接入

专线接入与连接局域网没有什么不同,无须拨号,无须输入用户名和密码。用户只要打开计算机即可接入 Internet。

(2) 虚拟拨号

所谓虚拟拨号,是指用 ADSL 接入 Internet 时需要输入用户名与密码,这一点与通过 Modem 接入 Internet 非常相似,但 ADSL 并不是真的去拨号,而只是模拟拨号过程,以便系统记录该电话号码拨入和离线时间,并根据接入时间计费。另外,在该拨号过程中,还同时完成授权、认证、分配 IP 地址等一系列 PPP(Point-to-Point Protocol)接入动作。使用虚拟拨号方式的用户采用类似 Modem 的拨号程序,在使用习惯上与原来的方式没什么不同。

3. ADSL 用户虚拟拨号接入 Internet

1) 硬件安装与连接

(1) 网卡的安装

将网卡插入 PCI 插槽并固定,然后开机,系统会自动检测到硬件,然后会安装相应的网卡驱动程序(如果使用主板集成网卡则跳过这一步)。

(2) 连接 ADSL Modem

ADSL Modem 线路连接如图 3-19 所示。

计算机、ADSL Modem、电话机硬件连接如图 3-20 所示。

2) 建立 ADSL 虚拟拨号连接

由于 ADSL 虚拟拨号要用到 PPPoE(Point-to-Point Protocol over Ethernet)协议,而 Windows XP 内置有该协议,因此,无须再安装拨号软件。

Windows XP 建立 ADSL 虚拟拨号连接的操作步骤如下。

第 1 步:选择"开始"→"程序"→"附件"→"通讯",如图 3-21 所示,单击"新建连接向导"选项。

第 2 步:"新建连接向导"启动后,打开如图 3-22 所示的"新建连接向导"对话框,单击"下一步"按钮。

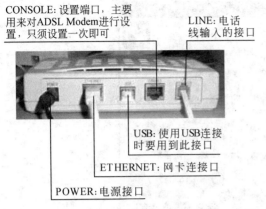

CONSOLE: 设置端口，主要
用来对ADSL Modem进行设
置，只须设置一次即可

LINE: 电话
线输入的接口

USB: 使用USB连接
时要用到此接口

ETHERNET: 网卡连接口

POWER:电源接口

图 3-19　ADSL 线路连接

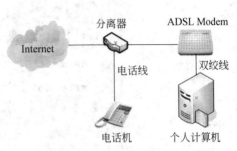

图 3-20　ADSL 安装连接示意图

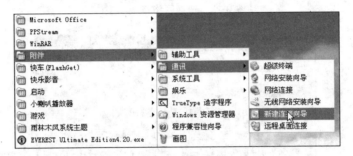

图 3-21　选择"新建连接向导"选项

图 3-22　"新建连接向导"对话框

　　第 3 步：从弹出的对话框中选中"连接到 Internet"单选按钮，如图 3-23 所示，单击"下一步"按钮。

　　第 4 步：从弹出的对话框中选中"手动设置我的连接"单选按钮，如图 3-24 所示，并单击"下一步"按钮。

　　第 5 步：从弹出的对话框中选中"用要求用户名和密码的宽带连接来连接"单选按钮，如图 3-25 所示，并单击"下一步"按钮。

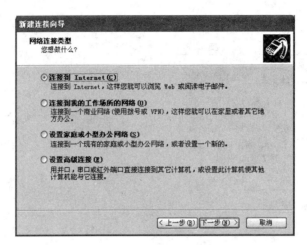

图 3-23　选择网络连接类型

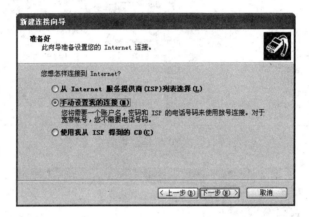

图 3-24　选择手动设置连接

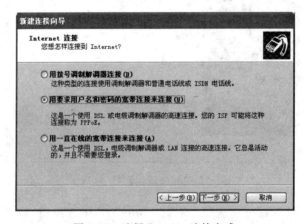

图 3-25　选择 Internet 连接方式

第 6 步：在图 3-26 中填写提供 Internet 服务的 ISP 名称，如 ADSL。

第 7 步：在打开的对话框中输入自己的登录用户名和密码，如图 3-27 所示，并根据向导提示，对这个上网连接进行 Windows XP 的其他安全方面设置，然后单击"下一步"按钮。

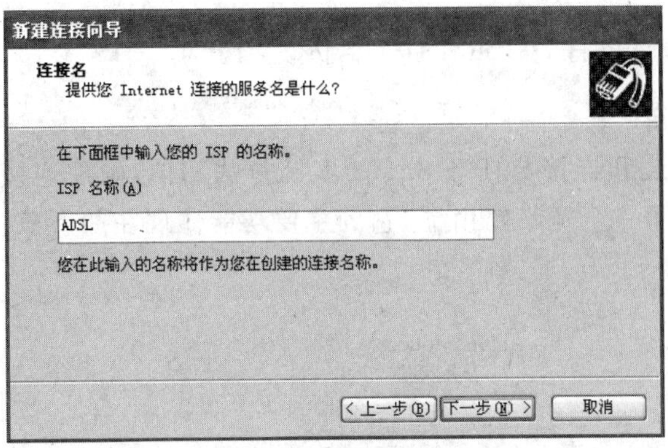

图 3-26　设置 ISP 名称

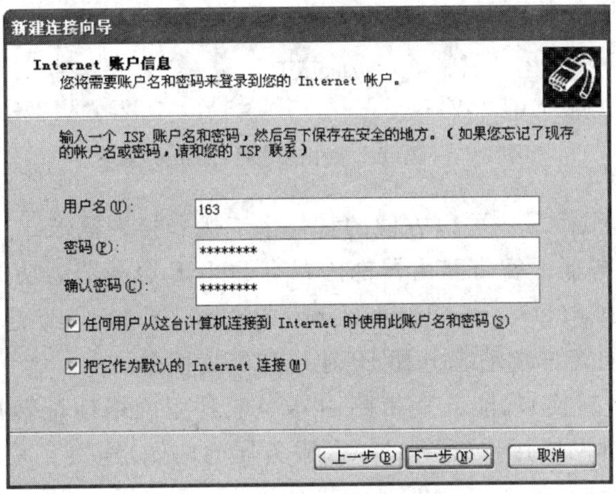

图 3-27　输入用户名和密码

第 8 步：在打开的对话框中，选中"在我的桌面上添加一个到此连接的快捷方式"复选框，如图 3-28 所示。单击"完成"按钮，则可建立 ADSL 虚拟拨号的连接。

第 9 步：双击桌面上新建好的"ADSL"连接图标，打开如图 3-29 所示的对话框，输入用户名和密码，单击"连接"按钮即可拨号上网。

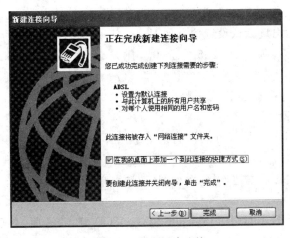

图 3-28　完成新建连接

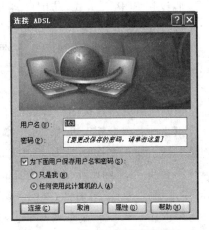

图 3-29　"连接 ADSL"对话框

任务 3.2 的实施：使用 ADSL 路由器拨号上网

1. 安装与连接硬件

该方案的硬件安装和连接与任务 3.1 的实施方法相似,硬件连接如图 3-30 所示,不同的是在此方案中增加了一个宽带路由器,它的主要功能体现在如下三方面。

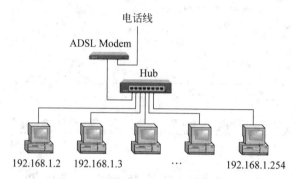

电话线

ADSL Modem

Hub

192.168.1.2   192.168.1.3   ...   192.168.1.254

图 3-30   ADSL 路由器拨号连接示意图

- 内置 PPPoE 虚拟拨号。可以方便的替代手工拨号接入宽带。
- 内置 DHCP 服务器。宽带路由器都内置有 DHCP 服务器的功能和交换机端口,便于用户组网。DHCP(Dynamic Host Configuration Protocol,动态主机分配协议),该协议允许服务器向客户端动态分配 IP 地址和配置信息。
- NAT(网络地址转换)功能。宽带路由器一般利用网络地址转换功能实现多用户的共享接入。内部网络用户(位于 NAT 服务器的内侧)连接互联网时,NAT 将用户的内部网络 IP 地址转换成一个外部公共 IP 地址(存储于 NAT 的地址池),当外部网络数据返回时,NAT 则反向将目标地址替换成初始的内部用户的地址以便于内部网络用户接受。

2. 配置宽带路由器

1) 设置前的准备工作

(1) 向 ISP 了解相关的用户端参数。

假设是 PPPoE 方式,其用户名为"mz12345678",密码为"12345678"。

(2) 按照说明书提示,宽带路由器的出厂默认设置信息如下:

IP 地址为"192.168.0.1",子网掩码为"255.255.255.0",用户名/密码为"admin/admin"。

2) 配置路由器

(1) 与路由器连接的计算机网卡设置

第 1 步:在桌面上右击"网上邻居"图标,从打开的快捷菜单中选择"属性",打开"网络连接"属性窗口,如图 3-31 所示。

第 2 步:在"网络连接"属性窗口中右击"本地连接"图标,从快捷菜单中选择"属性",打开"本地连接 属性"对话框,如图 3-32 所示。

第 3 步:在"本地连接属性"对话框中双击"Internet 协议(TCP/IP)"选项,打开"Internet 协议(TCP/IP)属性"对话框。在"Internet 协议(TCP/IP)属性"对话框中选中"使

图 3-31 "网络连接"属性窗口

用下面的 IP 地址",IP 地址设为"192.168.0.11",子网掩码设为"255.255.255.0",然后单击"确定"按钮,如图 3-33 所示。

图 3-32 "本地连接 属性"对话框

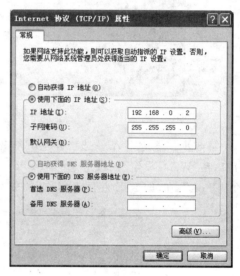

图 3-33 "Internet 协议(TCP/IP)属性"对话框

(2) 设置路由器

第 1 步:在 IE 浏览器的地址栏中输入路由器的 IP 地址"http://192.168.0.1",如图 3-34 所示,按 Enter 键,即可打开路由器的登录界面,如图 3-35 所示。

图 3-34 IE 浏览器窗口

图 3-35 路由器登录对话框

第 2 步：在路由器登录对话框中输入用户名和密码，单击"确定"按钮即可登录，登录后的页面如图 3-36 所示。

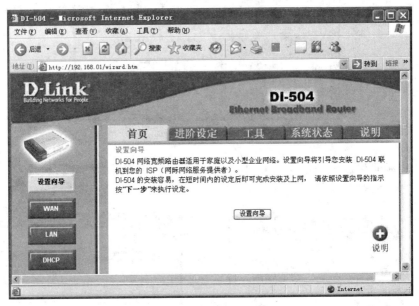

图 3-36　设置向导窗口

第 3 步：完成"WAN"选项设置。单击左边栏中的"WAN"选项，打开如图 3-37 所示的窗口，在"WAN 设定"区域中选中"PPPoE"选项；在"PPP over Ethernet"区域中选中"动态的 PPPoE"；在"PPPoE 使用者名称"的文本框中输入给定的用户名和密码。

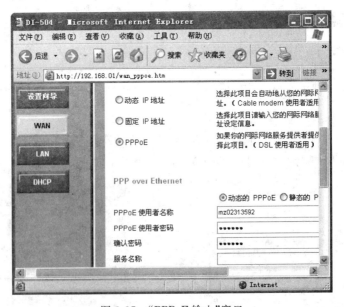

图 3-37　"PPPoE 输入"窗口

第 4 步：如图 3-38 所示，在"LAN"设置窗口中完成选项设置。这项设置可以更改。值得注意的是，更改宽带路由器默认的 IP 地址后必须保证宽带路由器的 IP 和计算机的 IP 地

图 3-38　"LAN"设置窗口

址在同一网段,否则不能连通。

　　第 5 步:在"DHCP"的设置窗口中完成选项设置,如图 3-39 所示。此项可以进行设置也可以不设置。默认 DHCP 服务器是开启的,这样连接的计算机就可以由 DHCP 服务器提供 IP 地址,而不用做任何设置直接上网。

图 3-39　"DHCP"设置窗口

3. 配置联网计算机

　　联网其他计算机的配置与前面网卡的设置相同,在此不再赘述。设置完路由器和计算机网卡后,就可以轻松遨游网络世界了。

任务 3.3 的实施：保存网页信息

用户在浏览网页时可能经常需要保存一些信息，例如将一些有用的资料下载并保存到自己的计算机中。下面介绍保存网页信息的方法。

第 1 步：打开要保存的网页，然后选择"文件"→"另存为"命令，如图 3-40 所示。

图 3-40　选择"文件/另存为"命令

第 2 步：在打开的"保存网页"对话框中，指定文件名、保存位置和保存类型，然后单击"保存"按钮即可，如图 3-41 所示。

图 3-41　保存设置

IE 提供了 4 种网页的可保存类型，分别是"网页，全部（＊.htm；＊.html）"、"Web 档案，单一文件（＊.mht）"、"网页，仅 HTML（＊.htm；＊html)"和"文本文件（＊.txt）"。下面对这几种保存类型作简单说明。

- "网页,全部(＊.htm；＊.html)":保存站点中所有的元素。保存为此类型时,打开后的文档显示的网页与原 Web 页一样。
- "Web 档案,单一文件(＊.mht)":以单独的文件(＊.mht)保存 Web 页。同时也显示图片,但图片文件没有单独保存,而是集中保存在 Web 文件夹中。
- "网页,仅 HTML(＊.htm；＊html)":不显示其中的图片,但与 Web 档案类型不同的是,在以"网页,仅 HTML(＊.htm；＊html)"类型保存的文档中,还保留有图片的位置,并以虚框显示出来。
- "文本文件(＊.txt)":仅保存 Web 页中所有的文本内容。

任务 3.4 的实施: 申请和使用电子邮箱

1. 申请电子邮箱

国际、国内的很多网站都提供了各有特色的电子邮箱服务,而且均有收费和免费版本,比较著名的有雅虎(www.yahoo.com)、新浪(www.sina.com.cn)和网易(www.163.com)等。收费邮箱和免费邮箱的申请流程基本一致,首先用户需进入邮箱服务网站的注册/登录页面,然后输入自己的用户名、密码及其他基本资料,提交后,如无意外,即可注册成功,得到一个新的电子邮箱地址。

随着电子邮箱的普及,很多网站经过了改进,在用户注册后即可获得一个免费的电子邮箱,注册用户可以使用该免费电子邮箱的全部功能。例如,当注册成为 Sohu 网站的一名用户时,就同时获得了使用 Sohu 免费电子邮箱全部功能的权利。用户的电子邮件账号就是在 Sohu 网站上注册的账号,密码也就是在注册成为网站用户时设置的密码,电子邮箱地址则是:用户名@Sohu.com。

此外,一些聊天工具也集成了电子邮箱功能,如 QQ、MSN 等,当用户申请了 QQ 号或 MSN 账号后,即可得到一个免费的电子邮箱,而且能够从 QQ 或 MSN 面板中直接登录,使用起来非常方便。

下面以申请 126 免费邮箱为例具体介绍申请电子邮箱的方法。

第 1 步:打开网易网站首页(www.163.com),单击网页顶部的"注册免费邮箱"超链接,如图 3-42 所示。

注册链接

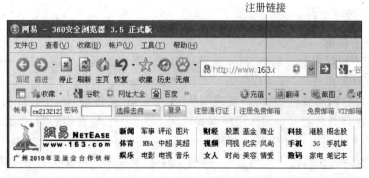

图 3-42 "网易"网站首页

第 2 步:这时屏幕转到"注册新用户"页面,如图 3-43 所示。在页面中输入相应的个人信息,确认无误后,单击页面底部的"创建账号"按钮。完成后屏幕将显示如图 3-44 所示页

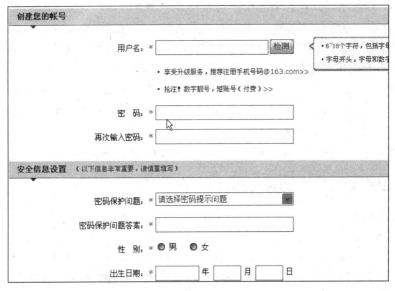

图 3-43 "注册新用户"页面

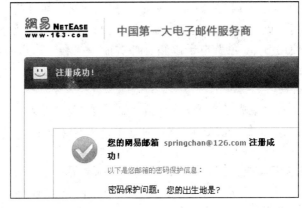

图 3-44 注册成功

面,新的邮箱已经申请好了。

2. 使用电子邮箱

要使用电子邮箱来收发邮件,首先需登录到邮箱所属的网站,然后在电子邮件网页中输入电子邮箱用户名和密码,登录到邮箱。其操作步骤如下。

第 1 步:打开网易首页,单击网页顶部的"免费邮箱"超链接,如图 3-45 所示。

第 2 步:在打开的页面中输入电子邮箱账号,并选择账号右边的"126.com",再输入密码,然后单击"登录"按钮,如图 3-46 所示。

第 3 步:这时页面自动进入到邮箱,如图 3-47 所示。单击页面左上角处的"写信"按钮,即可进入写信界面,如图 3-48 所示。

第 4 步:在"收件人"后面的文本框中输入收信人的电子邮箱地址,"主题"可随意填写,在"内容"文本框中输入信的内容,填写完成后,单击"发送"按钮,一封电子邮件就发送出去了,如图 3-49 所示。

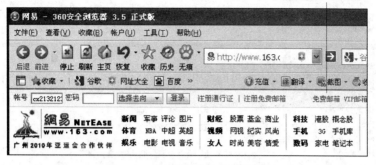

图 3-45　单击"免费邮箱"超链接

图 3-46　登录页面

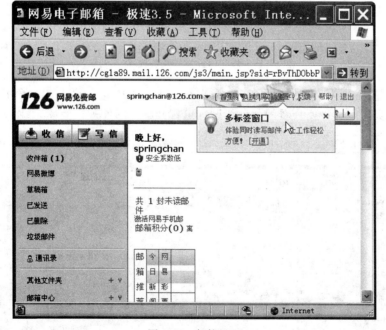

图 3-47　邮箱界面

"写信"按钮

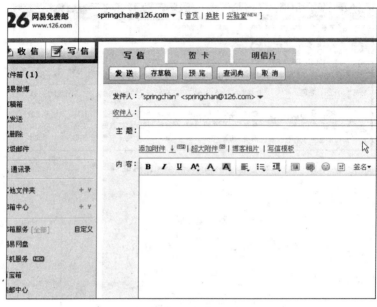

图 3-48　写信界面

图 3-49　邮件发送成功提示

如果想要查看别人寄来的电子邮件,只需在进入电子邮箱后单击左上角处的"收信"按钮,在打开的页面中选择要查看的邮件标题即可打开电子邮件进行阅读,如图 3-50 所示。

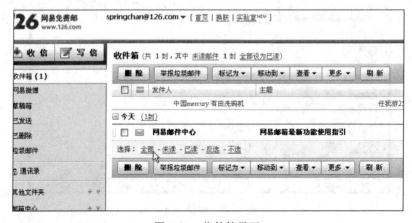

图 3-50　收件箱界面

3.4　实　训

实训 3.1　搜索并保存有关"网络技术"内容的文章

实训目的：

掌握搜索引擎的使用方法。

实训内容：

搜索并保存有关"网络技术"内容的文章。

实训步骤：

（1）搜索有关"网络技术"内容的文章。

（2）保存所选文章内容。

（3）分别使用不同的搜索引擎和使用方法搜索相关内容，并分析它们的异同。

实训 3.2　用 Outlook Express 收发邮件

实训目的：

掌握使用 Outlook Express 软件管理电子邮件的方法。

实训内容：

安装并使用 Outlook Express 软件管理电子邮件。

实训步骤：

（1）安装 Outlook Express 软件。

（2）在 Outlook Express 软件中添加一个电子邮箱账号。

（3）在通讯簿中添加联系人。

（4）收发电子邮件。

（5）实现电子邮件的管理。

实训 3.3　建立和使用 QQ 群

实训目的：

掌握使用 QQ 软件建立用户群的方法。

实训内容：

使用 QQ 软件创建群并添加 QQ 好友到群中。

实训步骤：

（1）打开 QQ 软件并登录。

（2）在 QQ 面板中单击"群"选项，然后单击"创建"按钮。

注：QQ 账号须达到"太阳"等级才能创建群。

（3）右击创建好的群图标，在弹出的快捷菜单中单击"成员管理"。

（4）在"成员管理"窗口中单击"添加"按钮，将 QQ 好友添加到群中。

课 外 练 习

1. Internet 的常用服务有哪些？
2. 常见的 Internet 接入方式有哪几种？
3. 查找资料，尝试使用专业路由器接入 Internet 的方法。

网络操作系统的安装

网络操作系统是整个网络的灵魂,同时也是分布式处理系统的重要体现,它决定了网络的功能,并由此决定了不同网络的应用领域。目前比较流行的网络操作系统主要有 Windows Server 2003、UNIX、Linux。本章介绍利用光盘安装 Windows Server 2003 及其活动目录的方法。

本章主要内容

■ Windows Server 2003 操作系统的安装;

■ Windows Server 2003 活动目录的安装。

能力培养目标

掌握 Windows Server 2003 操作系统及其活动目录的安装方法。

4.1 任务导入与问题思考

【任务导入】

任务 4.1 安装 Windows Server 2003

利用光盘安装 Windows Server 2003。

任务 4.2 安装活动目录

安装 Windows Server 2003 的活动目录。

【问题与思考】

(1) Windows Server 2003 的系统对硬件配置有何要求?

(2) 文件系统有哪几种?

(3) 活动目录有何作用?

4.2 知 识 点

4.2.1 Windows Server 2003 简介

1. 认识 Windows Server 2003

Windows Server 2003 是微软公司在 2003—2004 年间发布的新一代网络和服务器操作系统。该操作系统延续微软的经典视窗界面,同时作为网络操作系统和服务器操作系统,Windows Server 2003 具备了高性能、高可靠性和高安全性等特点,适合于日趋复杂的企业网络应用和 Internet 应用。

Windows Server 2003 是一个多任务操作系统,它能够按照用户的需要,以集中或分布的方式担当各种服务器角色。其中的一些服务器角色包括:

(1) 文件和打印服务器;

(2) Web 服务器和 Web 应用程序服务器;

(3) 邮件服务器;

(4) 终端服务器;

(5) 远程访问/虚拟专用网络(VPN)服务器;

(6) 目录、域名系统(DNS)、动态主机配置协议(DHCP)和 Windows Internet 命名服务(WINS)等服务器;

(7) 流媒体服务器。

2. 系统配置需求

虽然 Windows Server 2003 与以前同类的操作系统相比,功能更加强大,但它对系统硬件的要求并不高。不过为了使系统的性能运行良好,建议安装 Windows Server 2003 的计算机符合下列要求。

(1) CPU:主频不低于 550MHz。

(2) 内存:256MB 以上。

(3) 硬盘:最小 2GB 以上。

(4) 显卡:建议使用 VGA 或 PCI-E 接口显卡。

另外,如果从光盘安装,要具有 CD-ROM 或 DVD 驱动器。

3. 选择文件系统

文件系统是指操作系统中通过逻辑结构和软件程序进行组织、管理和访问文件的方法。计算机中的每一个物理硬盘,都可以被划分为一个或多个磁盘分区。在安装 Windows Server 2003 时,要将其安装到某一个磁盘分区内。在安装之前,必须先对选定的分区进行格式化,将它格式化成一个特定的文件系统。Windows Server 2003 所支持的文件系统包括 FAT、FAT32、NTFS 三种,这三种文件系统的功能和特点如下。

(1) FAT/FAT32 文件系统

FAT/FAT32 是目前主流单机操作系统常用的两种文件系统。在安装 Windows Server 2003 操作系统时,如果没有选择 NTFS 文件格式,则安装程序会根据硬盘分区的大小自动决定将分区格式化为 FAT 或者 FAT32 格式:当分区大于 2GB 时,格式化为 FAT32

格式；当分区小于 2GB 时格式化为 FAT 格式。选择 FAT/FAT32 的好处是允许以前的操作系统(如 DOS)访问该分区。

(2) NTFS 文件系统

NTFS 是 Windows NT 系列和 Windows 2000 系列操作系统所采用的一种文件系统。它有许多 FAT/FAT32 所没有的功能，例如文件访问权限的设置、文件访问的审核、文件的压缩、支持活动目录、允许数据加密等。如果对文件的安全性有较高的要求，就应该考虑采用 NTFS 格式；如果要将安装了 Windows Server 2003 操作系统的计算机作为域控制器，则文件系统必须选择 NTFS。

4.2.2　名词解析

(1) 域

域是一种管理边界，用于一组计算机共享的安全数据库。域实际上就是一组服务器和工作站的集合。理解 Windows Server 2003 域与活动目录(Active Directory, AD)服务之间的交互及依赖关系是极其重要的。它的特点如下。

① 用户的验证和资源管理是由每一台计算机完成的。

② 在域中只有一个目录数据库存放所有用户账号，这个数据库就是活动目录数据库。

③ 域是可扩展的，既可以支持少量的计算机，也可以支持大量的计算机。

(2) 域控制器

在域中计算机分为三种类型，即域控制器、成员服务器和工作站。安装 Windows Server 2003 且启用了 AD 服务的计算机称为域控制器。安装 Windows Server 2003 但不启用 AD 服务的计算机称为成员服务器，它具有提供文件服务等功能，并接受域控制器管理。安装 Windows 2000 Professional 或安装 Windows XP Professional 的计算机加入域后称为工作站，接受域控制器管理，当然也可以用本地账户登录工作站，但不能访问域内的资源。

(3) 活动目录

活动目录是 Windows Server 系列的目录服务功能的体现，可将与某用户名相关的电子邮件账号、出生日期、电话等信息存储在不同的计算机上，并通过提供目录信息的逻辑分层组织，使管理员和用户易于找到该信息。

Windows Server 2003 对活动目录作了不少改进，使其使用起来更方便、更可靠，也更经济。在 Windows Server 2003 中，活动目录提供了增强的性能和可伸缩性。它允许用户更加灵活地设计、部署和管理单位的目录。

(4) 工作组和域

工作组是网络上资源的逻辑分组，通常用于对等网，每台计算机都负责对其资源的访问与管理。每台计算机都有自身的账户数据库并独立进行管理。在工作中，必须知道要访问的每个资源的不同密码。若在安装过程中需加入工作组，只要输入工作组名即可。

域是使用单个域名和安全边界分组在一起的一组账户和网络资源，所有用户账号、权限和其他网络资源都存储在域控制器上的中央数据库中。加入域需要知道域名。多于 10 台计算机的网络，建议使用域。

4.2.3　系统备份

系统备份，顾名思义，就是将操作系统的数据以某种方式加以保留，制作成一个备用副本,以便在系统遭受破坏或其他特定情况下,重新加以利用的一个过程。在日常生活中,我们经常需要为自己家的房门多配几把钥匙,为自己的爱车准备一个备胎,这些都是备份思想的体现。

对一个完整的网络系统而言,备份工作是其中必不可少的组成部分。其意义不仅在于防范意外事件的破坏,而且还是历史数据保存归档的最佳方式。简单地说,一份数据备份的作用,不仅仅像房门的备用钥匙一样,当原来的钥匙丢失或损坏了,才能派上用场。有时候,数据备份的作用,更像是为了留住美好时光而拍摄的照片,把暂时的状态永久地保存下来,供分析和研究。当然不可能凭借一张儿时的照片就回到从前,在这一点上,数据备份就更显神奇,一个存储系统乃至整个网络系统,完全可以回到过去的某个时间状态,或者重新"克隆"一个指定时间状态的系统,只要在这个时间点上有一个完整的系统数据备份。

由此可见,即便系统正常工作,没有任何数据丢失或破坏发生,备份工作仍然具有非常大的意义。

在进行系统备份时,要注意以下几个方面。

1. 备份软件的选择

目前常用的系统备份软件有 Nothon Ghost、还原精灵、虚拟还原、Deepfreeze 等,这几款软件各有优点。Nothon Ghost 备份较彻底,可靠性高,适合多个分区或整个硬盘的备份;还原精灵和 Deepfreeze 可在每次开机时自动还原备份内容;虚拟还原可设定多个还原点。在实际使用中可根据需要选用相应的软件进行系统备份。

2. 备份文件的选择

在进行备份时,备份软件会将原始数据存储并生成一个文件,通常称为镜像文件。备份的原始数据越多越大,镜像文件也越大,备份、恢复时失败的可能性也越大,所以要尽可能地减少要备份的文件数目和大小。通常情况下,只备份系统盘即可。如果还有一些重要文件要备份,建议将它们存放到一个分区(非系统分区)中,然后进行整体备份。

3. 备份时间的选择

建议在刚安装好系统和常用软件的时候备份系统盘,因为这时系统内垃圾最少,性能较佳。当然,适当的优化能进一步减少镜像文件的体积。

4. 备份文件的存放位置

如果条件允许,最好是在两个不同的硬盘之间相互备份。如果是在同一个硬盘下备份,必须备份到不同分区里。

最后要注意的是,使用 Nothon Ghost 进行备份或者还原时,一定要保证不能断电,否则很容易造成系统崩溃。

4.3 任务实施

任务 4.1 的实施: 安装 Windows Server 2003

确认计算机硬件满足安装的要求,并将 CMOS 设置为从光盘启动之后,将安装光盘放入光驱中,重新启动计算机,开始 Windows Server 2003 的安装。以 Windows Server 2003

企业版为例,安装过程如下。

　　第 1 步:从光盘引导。将安装光盘放入光驱中并重新启动计算机,如果硬盘内没有安装任何操作系统,计算机会直接从光盘启动到安装界面;如果硬盘内已安装有其他操作系统,计算机会显示出"Press any key to boot from CD..."提示信息,此时按任意键,就可从光盘启动。

　　第 2 步:安装程序首先对计算机的硬件配置进行检查,自动检测硬件及加载安装文件,检测完成后出现如图 4-1 所示画面,用键盘上的"↑"和"↓"键来选中想要安装系统的分区,然后按 Enter 键。

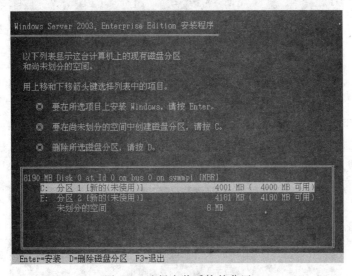

图 4-1　选择安装系统的分区

　　第 3 步:这时屏幕上出现如图 4-2 所示画面,这里选择"用 NTFS 文件系统格式化磁盘分区",然后按 Enter 键,出现如图 4-3 所示安装程序正在格式化的进度显示界面。

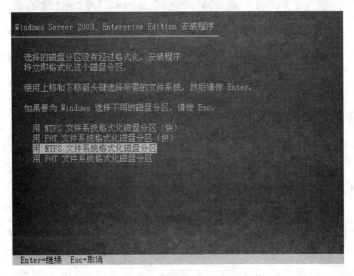

图 4-2　选择文件系统格式化磁盘分区

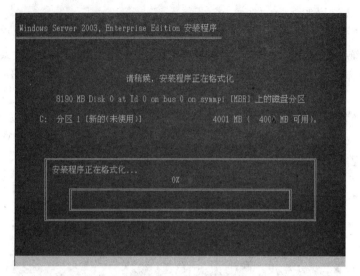

图 4-3　安装程序正在格式化进度显示

　　第 4 步：格式化磁盘完成后，安装程序将复制文件到 Windows 安装文件夹中，如图 4-4 所示。复制完成后，计算机会自动重新启动。

图 4-4　安装程序正在复制文件进度显示

　　第 5 步：重新启动计算机后，安装程序将自动进入到图形安装主界面，如图 4-5 所示，然后出现如图 4-6 所示的安装向导界面。

　　第 6 步：单击"下一步"按钮，在弹出的对话框中选择"我接受这个协议"单选按钮，如图 4-7 所示。

　　第 7 步：单击"下一步"按钮，返回到图形安装界面，安装程序提示正在安装设备，如图 4-8 所示。

　　第 8 步：待安装设备完成后，出现如图 4-9 所示对话框，这里按照默认设置即可，单击"下一步"按钮。

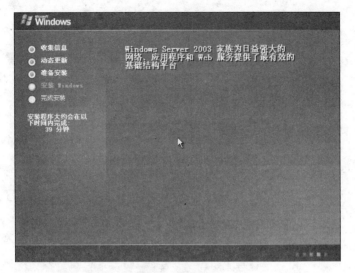

图 4-5　安装界面

图 4-6　安装向导界面

图 4-7　安装向导界面—许可协议

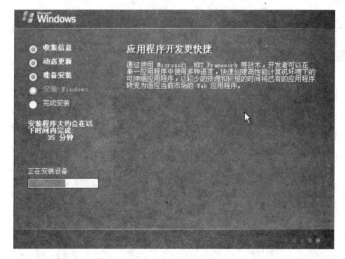

图 4-8　正在安装设备提示

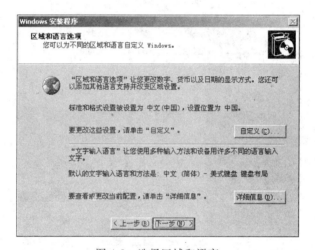

图 4-9　选择区域和语言

第 9 步：这时屏幕上出现如图 4-10 所示对话框。在对话框中输入"姓名"和"单位"名称，然后单击"下一步"按钮。

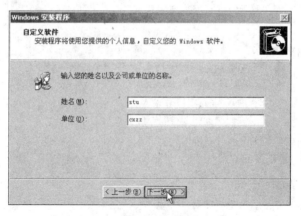

图 4-10　输入姓名和单位名称

第 10 步：这一步将进行"授权模式"设置，如图 4-11 所示。其中"每服务器。同时连接数"模式可以设定此服务器能供多少客户端同时连接访问。如果网络中只有一台服务器的话，建议选择该种模式，并且按实际客户端的数量设置连接数。这里选择"每服务器。同时连接数"模式，并且设置连接数为"200"。

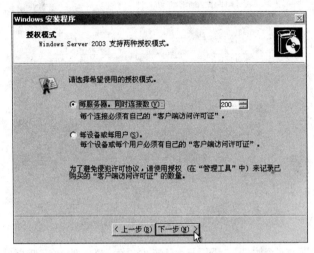

图 4-11　"授权模式"设置

如果选择"每设备或每用户"模式，那么访问运行 Windows Server 2003 家族产品的服务器的每台设备或每个用户都必须具备单独的"客户端访问许可证（CAL）"。通过一个 CAL，特定设备或用户可以连接到运行 Windows Server 2003 家族产品的任意数量的服务器。拥有多台运行 Windows Server 2003 家族产品的服务器的公司大多采用这种授权模式。

第 11 步：单击"下一步"按钮，打开如图 4-12 所示对话框，在此可以设置计算机名称和管理员密码。

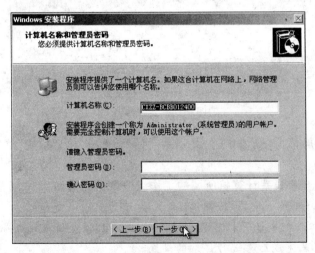

图 4-12　输入计算机名称和管理员密码

注意：计算机名称不能与局域网内其他计算机的名称相同，管理员密码必须是数字、字母、特殊字符相结合。

第 12 步：单击"下一步"按钮，在打开的对话框中进行日期和时间的设置。这里按照默认设置即可，如图 4-13 所示。

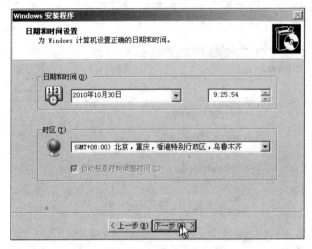

图 4-13　进行日期和时间的设置

第 13 步：单击"下一步"按钮，返回程序安装主界面，提示正在安装网络，如图 4-14 所示。

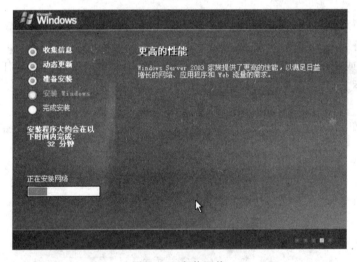

图 4-14　安装网络

第 14 步：这时屏幕上显示如图 4-15 所示对话框，选中"典型设置"单选项，然后单击"下一步"按钮。

第 15 步：这一步将设置计算机所属的工作组或域。在如图 4-16 所示的对话框中选中第一个单选项，然后单击"下一步"按钮。

注意：在设置工作组或计算机域的时候，不论是单机还是局域网服务器，最好选择第一个单选项，待系统安装完成后再进行详细的设置。

第 16 步：此时返回安装主界面，安装程序将自动完成剩余安装操作，如图 4-17 所示。用户无须做任何操作，等待安装程序自动完成后重新启动计算机，即可完成 Windows Server 2003 的安装。

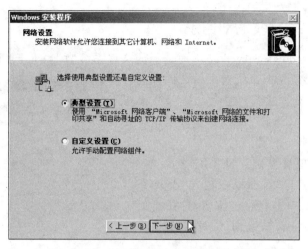

图 4-15　"网络设置"对话框

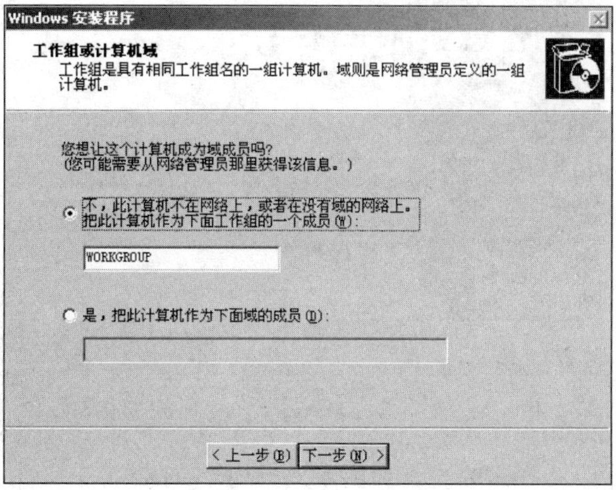

图 4-16　设置计算机所属的工作组或域

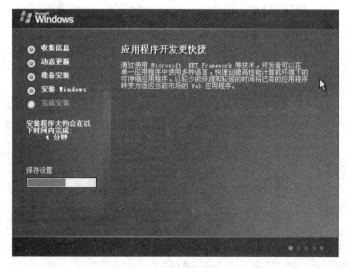

图 4-17　保存设置

任务 4.2 的实施：安装活动目录

如果在安装 Windows Server 2003 时选择的文件系统为 FAT/FAT32 格式,那么在安装活动目录之前,必须先把系统盘中的文件系统转换为 NTFS 格式。转换方法为：在命令提示符状态下输入 CONVERT C：/FS：NTFS(这里设定系统安装在 C 盘)。

图 4-18　"运行"对话框

第 1 步：以管理员身份登录系统,然后单击"开始"→"运行",在"运行"对话框中输入"dcpromo"命令,如图 4-18 所示。单击"确定"按钮,打开如图 4-19 所示的"Active Directory 安装向导"对话框。

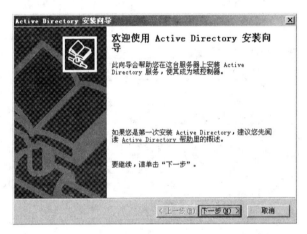

图 4-19　"Active Directory 安装向导"对话框

第 2 步：单击"下一步"按钮,打开如图 4-20 所示的对话框。

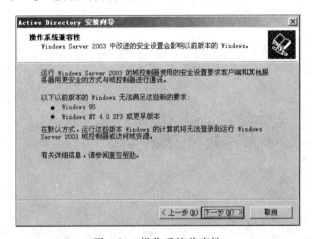

图 4-20　操作系统兼容性

第 3 步：单击"下一步"按钮,在弹出的对话框中指定该服务器要担当的角色。由于这是第一台域控制器,所以选中"新域的域控制器"单选按钮,如图 4-21 所示。

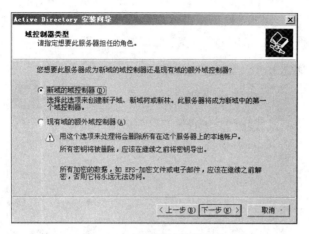

图 4-21　选择域控制器类型

　　第 4 步：单击"下一步"按钮，在弹出的对话框中选择要创建的域的类型。因为是第一台域控制器，所以选中"在新林中的域"单选按钮，如图 4-22 所示。

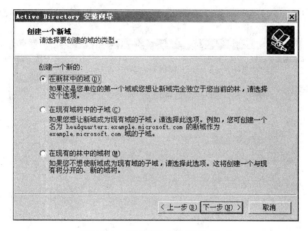

图 4-22　选择创建的域的类型

　　第 5 步：单击"下一步"按钮，在弹出的对话框中指定新域的名称，如"dz.com"，如图 4-23 所示。

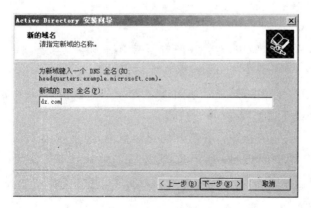

图 4-23　指定新的域名

第 6 步：单击"下一步"按钮，在弹出的对话框中为新域指定一个 NetBIOS 名称，这里按默认设置即可，如图 4-24 所示。

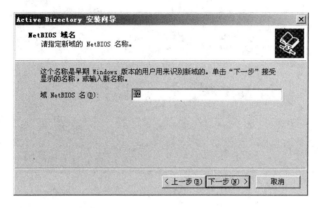

图 4-24　指定 NetBIOS 名称

第 7 步：单击"下一步"按钮，在打开的对话框中指定放置 Active Directory 数据库和日志文件的位置。可以通过单击"浏览"按钮来选择合适的位置，如图 4-25 所示。

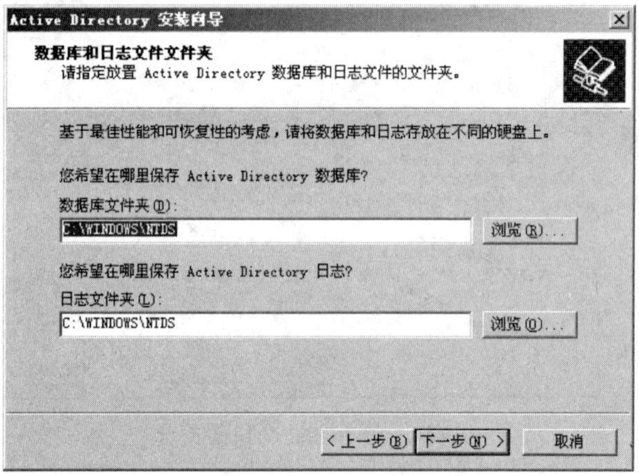

图 4-25　指定数据库和日志文件夹

注意：基于最佳性和可恢复性的考虑，最好将活动目录的数据库和日志保存在不同的硬盘上。

第 8 步：单击"下一步"按钮，在打开的对话框中指定作为系统卷共享的文件夹，即指定 SYSVOL 文件夹的位置。建议使用系统默认路径，如图 4-26 所示。

第 9 步：单击"下一步"按钮，显示如图 4-27 所示的对话框，在其中选中"我将在以后通过手动配置 DNS 来更正这个问题"单选按钮。

第 10 步：单击"下一步"按钮。在打开的对话框中，如果希望 Windows 2000 之前的服务器操作系统能正常访问该域，则可选择第一个单选按钮；如果在用户的域内只有 Windows 2000 或更高版本的操作系统，则推荐选择第二个单选按钮。这里选择第二个单选按钮，如图 4-28 所示。

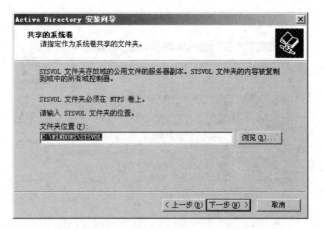

图 4-26　指定系统卷共享文件夹

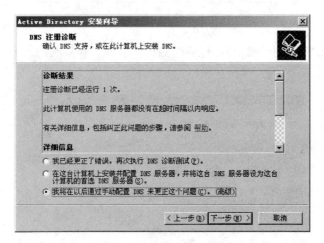

图 4-27　"DNS 注册诊断"对话框

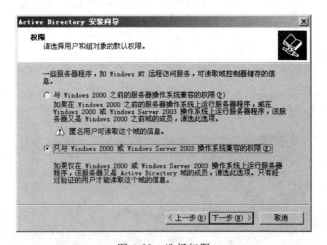

图 4-28　选择权限

　　第 11 步：单击"下一步"按钮，在打开的对话框中输入还原模式密码。还原模式密码是在 Active Directory 出现故障并进行恢复时需要验证的密码，可以根据自己的要求设定，如

图 4-29 所示。

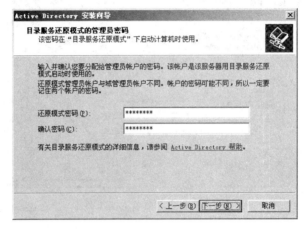

图 4-29　设置目录服务还原模式的管理员密码

第 12 步：单击"下一步"按钮，在打开的对话框中显示收集到的所有安装信息供用户确认，如图 4-30 所示。

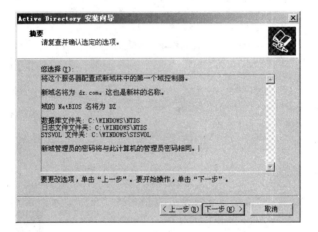

图 4-30　显示所有安装信息

第 13 步：确认后单击"下一步"按钮开始安装，如图 4-31 所示。安装完毕，出现如图 4-32 所示的对话框，单击"完成"按钮，结束安装。

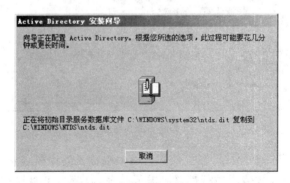

图 4-31　安装 Active Directory

图 4-32　安装完成

第 14 步：安装后，Active Directory 安装向导会提示需要重新启动计算机才能生效，单击"立即重新启动"按钮，如图 4-33 所示。

第 15 步：重启计算机后，可以发现在"登录到 Windows"对话框中增加了一个"登录到"下拉列表框，如图 4-34 所示。

第 16 步：输入用户名和密码后，单击"确定"按钮进入系统。单击"开始"→"程序"→"管理工具"，会出现三个与活动目录相关的选项，如图 4-35 所示。

图 4-33　重新启动提示

图 4-34　"登录到 Windows"对话框

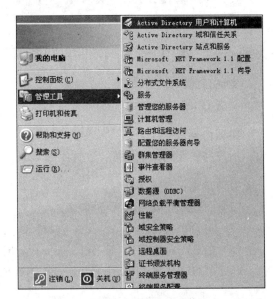

图 4-35　管理工具界面

关于三个选项的说明如下。

（1）Active Directory 用户和计算机：主要用于在活动目录中对用户、组、联系及组织单元等对象执行增加、修改及删除等操作。

（2）Active Directory 域和信任关系：主要用于对基于活动目录中的域和域的关系执行

增加、修改及删除等操作。

（3）Active Directory 站点和服务：通过基于活动目录网络站点中的域控制器来增加或修改复制行为和发布服务。

4.4 实 训

实训 4.1 配置 Windows Server 2003

实训目的：

掌握 Windows Server 2003 网络组件的安装与配置。

实训内容：

在新安装好的 Windows Server 2003 系统中安装网络组件及设置 IP 地址。

实训步骤：

（1）参照本书 2.3 节中安装网络组件的操作方法，为新安装好的 Windows Server 2003 系统安装网络组件。

提示： 为了提高服务器的兼容性，在安装网络组件时，应在参照对等网的基础上，再安装"NetWare 客户端"和"Nwlink IPX/SPX/NETBIOS Compatible Transport Protocol"两种组件。

（2）参照本书 2.3 节中设置 IP 地址的操作方法，为系统设置固定的 IP 地址、子网掩码、默认网关及 DNS 服务器地址。

实训 4.2 使用 Ghost 软件实现系统备份与恢复

实训目的：

掌握 Ghost 软件的使用。

实训内容：

下载并安装 Ghost 软件，然后使用 Ghost 软件实现系统备份与恢复。

实训步骤：

（1）下载并安装 Ghost 软件。

（2）在 DOS 状态下运行 Ghost 软件。

（3）在 Ghost 界面中，选择 Local→Partition→To Image 命令实现系统备份。

（4）在 Ghost 界面中，选择 Local→Partition→From Image 命令实现系统恢复。

实训 4.3 删除活动目录

实训目的：

掌握活动目录的删除方法。

实训内容：

将已安装的活动目录删除。

实训步骤：

（1）安装并设置好活动目录。

（2）选择"开始"→"运行"命令，在"运行"对话框中输入"dcpromo"命令，打开"Active Directory 安装向导"对话框。

（3）此时"Active Directory 安装向导"对话框中显示的是删除活动目录的信息，按照向导提示完成删除活动目录的操作。

实训 4.4　将客户机加入域

实训目的：

掌握将客户机加入域的方法。

实训内容：

将客户机加入到服务器活动目录中创建的域。

实训步骤：

（1）设置客户机的 IP 地址及子网掩码

提示：客户机的 NetWork IP 须与服务器的相同。

（2）参照本书 2.3 节中设置网络标识的操作方法，将客户机所属域的名称设置为服务器活动目录中创建的域的名称。

（3）设置完成后，重新启动客户机，登录时，在系统登录框的"登录到"下拉列表框中查看是否有域的名称。

课 外 练 习

1. 如果安装 Windows Server 2003 的文件系统是 FAT32，能否安装活动目录？如何才能安装？

2. 尝试安装和配置 Linux 网络操作系统。

Windows Server 2003 的管理

网络最基本的功能是资源共享,因此维护网络的安全非常重要,需要控制用户的访问权限以及跟踪用户所进行的操作。通过为域中的用户、计算机及域中的其他对象分配合理的访问权限,达到管理的目的。如何为这些对象分配访问权限呢? 可通过建立用户账户和计算机账户来实现。

本章主要内容

- 用户和用户组;
- 文件安全管理;
- 文件和打印共享;
- 管理工具。

能力培养目标

培养学生掌握域用户账户、用户组的创建与管理以及设置文件共享的能力。

5.1 任务导入与问题思考

【任务导入】

任务 5.1 创建与管理域用户账户

要求用给定的用户名,完成域用户账户的创建和管理。

任务 5.2 创建与管理组账户

要求用给定的组账户名,完成域用户组账户的创建和管理。

任务 5.3 共享文件

要求通过设置文件夹和驱动器共享,掌握文件和打印共享的设置方法。

【问题与思考】

(1) 什么是用户账号和用户组?

（2）文件安全管理有什么意义？

（3）文件与文件夹的 NTFS 权限有哪些？

（4）什么是文件共享？

5.2　知　识　点

5.2.1　用户和用户组

1. 用户账号简介

用户账号是计算机使用者的身份标识。每一个要访问 Windows 2003 系统资源的用户，都必须凭借其用户账号才能进入计算机，进而访问计算机中的资源。Windows 2003 系统通过用户账号实现对每个计算机使用者的管理控制。当用户以管理员账号进入时，可以访问任何资源，执行各种操作。当用户以普通用户账号进入时，则只能访问有限的资源，执行有限的操作。

在管理网络时，必须为每一位使用者创建用户账号，并对不同的用户账号进行授权。比如可以给公司经理的账号授予较高的权限，使他可以访问大部分资源。而给普通职员的账号授予较低的权限，使他只能访问与本职工作有关的资源，不能访问其他资源。通过这种方式实现对不同使用者的控制和管理，同时保证数据的安全性。

2. 用户账号的类型

Windows Server 2003 提供了内置用户账户、域用户账户和本地用户账户三种不同的用户账户，它们位于"Active Directory 用户和计算机"窗口的 User 组中。

（1）内置用户账户

安装 Windows Server 2003 时，由系统自动创建的账户称为内置账户。内置账户有三个：系统管理员（Administrator）、来宾（Guest）和 Internet Guest（IUR-Computer Name）。

- 系统管理员：拥有最高的权限，可以管理 Windows Server 2003 资源和域账户数据库。Administrator 账户名称可以更改，但不能删除。
- 来宾：是没有专门设置账户的用户访问计算机域控制器时使用的一个临时账户。该账户可以访问网络中的部分资源，其名称可以修改，但不能删除。
- Internet Guest：用来供 Internet 服务器的匿名访问者使用，在局域网中没有意义。

（2）域用户账户

域用户账户允许用户登录域，并访问网络中的任何资源。用户在登录过程中提供用户名和密码。Windows Server 2003 使用该信息验证用户身份，然后生成包含用户和安全设置信息的访问令牌，用来识别计算机用户。

用户可以在域控制器活动目录副本的组织单位中创建域用户账户。此域控制器将新用户账户信息复制到域中的所有域控制器，这样，域目录树中的所有域控制器都可以在登录过程中验证用户。

（3）本地用户账户

本地用户账户只允许用户登录创建本地用户账户的计算机，并访问该计算机上的相关资源。在创建本地用户账户时，Windows Server 2003 会将账户名称及相关信息自动存放在本地的安全数据库中,而不会复制到其他域中。当使用本地用户账户登录网络时,服务器便在本地安全数据库中查询该账户名,并鉴别其对应的密码,密码正确,才能允许该账户登录服务器。

3. 用户账户的命名规则

在 Windows Server 2003 中,系统对用户账户的命名规则有严格的要求。一个完整的账户应包括账户名称、密码和账户选项三部分。

(1) 账户名称的命名规则

■ 每个用户的账户名称在 Active Directory 中是唯一的,不同的用户应使用不同的账户名称。

■ 每个账户名称最长为 20 个字符。

■ 当一个局域网中的用户较多时,账户名称应该便于记忆和区分。

(2) 账户的密码要求

为了控制对域控制器的安全访问,拒绝非法用户登录网络,这时可以对每个用户账户设置一个密码。在使用某一账户登录服务器时,只有输入的密码正确后才允许登录,否则便被拒绝。在 Windows Server 2003 中,对密码的一般设置要求如下。

■ 常用于密码的字符主要有字母 A~Z(大小写不等效)和数字 0~9。

■ 密码最长可以达到 128 个字符,最短不限。但为了安全起见,建议密码在 7 个字符以上。

■ 一般为系统管理员账户设置永久密码。

(3) 账户选项

账户选项包括登录时间、允许用户登录的计算机和账户的使用时限等。

■ 登录时间:可以设置某些用户在某一特定的时间登录服务器。如果实际登录时间不在设定的时间段内,系统将拒绝登录。

■ 允许用户登录的计算机:可以设定某一用户只能从某一计算机登录网络。

■ 账户的使用时限:可以设置账户在网络中的有效限制,当超过这一预设的时限时该账户将自动失效。

4. 用户组简介

所谓组,是一组相关账号的集合。在管理网络时,可以按照不同用户的操作需求和资源访问需求来创建不同的组,从而实现对用户的统一配置和管理。比如,可以创建财务组,将所有财务人员的账号加入这个组,进行统一配置和管理。或者创建销售组,将所有销售人员的账号加入该组,进行统一配置和管理。

5. 组的类型

根据创建组的位置和使用范围的不同,组可以分为三种类型:工作组中的组(本地组)、域中的组和内置组。

(1) 工作组中的组(组):创建于网络客户机,用于控制对所创建的计算机资源的访问。

(2) 域中的组:创建于服务器(域控制器),用于控制对域资源的访问。

(3) 内置组:Windows 2000 系统自带的组,拥有内置权限。可以通过将用户加入内置组的方式直接获得内置的权限。如将一个新用户加入内置的管理员组,则用户可以取得管理员权限。Windows 2000 系统中有如下几种内置组。

- Administrators：管理员组，其成员拥有管理员权限。
- Power Users：超级用户组，相当于副管理员组，其用户权限仅次于管理员，可以执行一部分管理操作（注：该组在域中叫 Server Operators）。
- Backup Operators：备份操作员组，其用户拥有数据备份和数据恢复的权限。
- Guests：来宾组，可保存来宾账号。
- Users：用户组，用于组织用户，不用授权。

内置组提供了很多管理上的方便。比如，直接将一个用户加入内置组，使其拥有内置组的权限。

6. 使用组的规则

在管理网络时，管理员可以按照以下规则来使用组。

（1）将用户加入组；

（2）给组授权。

这样，组中的所有用户就获得了相应的权限。

5.2.2　文件安全管理

在 Windows Server 2003 中，对文件管理的工具是"资源管理器"，利用它可以控制用户对每个文件及文件夹的访问，并进行文件共享管理。

Windows Server 2003 能够支持的文件系统有 FAT、FAT32 和 NTFS。FAT 和 FAT32 是较老的文件系统，NTFS 比 FAT、FAT32 的功能更强大，同时它还包括提供活动目录所需的功能以及其他重要的安全性功能。NTFS 具有很强的安全性，要实现对文件和文件夹的访问控制，必须选用 NTFS。如果选用 FAT32，所有用户都将对文件和文件夹具有访问权限。

在 Windows Server 2003 中，推荐使用 NTFS 文件系统。

1. NTFS 文件系统权限

为了控制用户对某个文件夹以及该文件夹中的文件和子文件的访问，就必须指定该文件夹权限。当然，也可以为某个用户账户或用户组设定拒绝权限。

（1）NTFS 文件夹权限（见表 5-1）

表 5-1　NTFS 文件夹权限说明

NTFS 文件夹权限	允许用户完成的操作
完全控制	用户可以执行下列全部权限，包括两个附加的高级属性
修改	用户可以写入新的文件，新建子目录和删除文件及文件夹。用户也可以查看哪些用户在该文件夹上有权限
读取及运行	用户可以阅读和执行文件
列出文件夹目录	用户可以查看在目录中的文件名
读取	用户可以查看目录中的文件和还有哪些用户有权限
写入	用户可以写入新文件并查看还有哪些用户在这里有权限

（2）NTFS 文件权限（见表 5-2）

表 5-2　NTFS 文件权限说明

NTFS 文件权限	允许用户完成的操作
完全控制	用户可以执行下列全部权限,包括两个附加的高级属性
修改	用户可以修改、重写入或删除任何现有文件,也可以查看还有哪些用户在该文件上有权限
读取及运行	用户可以阅读文件,查看哪些用户有访问权运行可执行文件
读取	用户可以阅读文件并查看还有哪些用户具有访问权限
写入	用户可以重写入文件并查看还有哪些用户在这里有权限

2. 共享文件夹的权限

文件不能被直接放到网络中,必须通过共享文件夹发布出来,因此,除了设置 NTFS 权限外,还需要设置共享文件夹权限(见表 5-3)。在 Windows Server 2003 中,共享文件夹允许同时访问的用户数目取决于安装时所设置的用户许可数。

表 5-3　共享文件夹权限说明

权　　限	允许用户完成的操作
读取	用户只能查看共享文件夹的内容、读取文件和执行程序,而不能修改它们
更改	用户可以对文件进行读写、修改和删除等操作
完全控制	用户可以执行"更改"和"读取"权限规定的所有操作,还包括对共享文件夹的权限进行修改

FAT/FAT32 和 NTFS 文件系统对于共享权限有下列区别。

- 对于 FAT/FAT32 文件系统,磁盘上的文件共享权限只能设置到文件夹一级,即不能对文件本身设置共享。另外,共享文件夹的权限只对通过网络访问的用户起作用,如果用户从共享文件夹所在的计算机上登录,对此文件夹的访问则不受此共享权限的限制。
- 对于 NTFS 文件系统,共享权限设置既可以对文件夹进行,也可以对文件进行。另外,NTFS 权限对通过网络访问资源和从本机登录的用户都起作用,这就提高了安全性,即 NTFS 文件系统具有本地安全性。

5.2.3　文件和打印共享

1. 文件共享

所谓共享,即共同享有、共同使用。通过设置资源共享,可以让网络中的用户访问和使用其他计算机上的资源。如网络中的所有用户可以共同使用网络中的同一台打印机来打印文件,共同使用一个 Modem 上网,共同读取某台计算机上的文件等。网络资源的共享给用户带来极大的方便。

2. 共享的资源

在网络上,可共享的资源包括硬件资源和软件资源。硬件资源包括打印机、传真机、光驱、软驱、硬盘、Modem 等。软件资源包括数据、应用程序等。

3. 打印共享

打印共享是将网络中的打印机设置为共享，以供网络上有权限的用户使用。共享的打印机通常称为网络打印机。

活动目录中存储了共享打印机的信息，用户可以搜索和定位要使用的打印机，然后使用它。活动目录使用共享文件夹来为打印机存储指针信息，这些指针用于重新定向用户到与打印设备物理连接的计算机，从而使用户能够不必考虑打印机所处的实际位置，也不必考虑自己从何处上网。

与共享文件夹一样，打印共享也可以按需要配置权限，用于打印的主要权限是打印文档、管理打印机和管理文档。在默认情况下，Everyone 组可以使用打印机。

5.2.4　管理工具

1. MMC 简介

MMC(Microsoft Management Console，微软管理控制台)可让系统管理员创建更灵活的用户界面和自定义管理工具，将日常系统管理任务集中并加以简化。它将许多工具集成在一起并以控制台的形式显示，这些工具由一个或多个应用程序组成。

MMC 是 Microsoft 管理策略的核心部分，包含在 Windows Server 2003 操作系统中。MMC 不仅可让系统管理员的日常管理工作更加得心应手，而且能够通过 MMC 创建特殊工具给用户或组委派具体的管理任务(这种管理就是常说的分布式管理)。在一个典型的MMC 窗口中，不但可以进行系统管理，进行磁盘子分区和格式化，甚至还可以启动或者中止服务。

例如，使用 MMC 找出 Windows Server 2003 识别不了的移动硬盘。

使用 Windows Server 2003 操作系统，有时候，在 USB 接口上接入移动硬盘后，虽然任务栏右下方出现了移动硬盘的图标，信息显示也是正常，但是在"我的电脑"中不显示移动硬盘的盘符。

选择"开始"→"运行"命令，输入"MMC"并按 Enter 键，进入"控制台 1"，如图 5-1 所示。然后单击"文件"→"添加删除管理单元"→"添加"选项，出现"添加独立管理单元"的窗口，在窗口中找到"磁盘管理"选项，单击"添加"按钮，弹出"磁盘管理"窗口，再选择"这台计算机"，最后单击"完成"→"关闭"→"确定"按钮，回到"控制台 1"，选择"磁盘管理"选项，可以看到右边栏中显示出了已有的硬盘驱动器，包括移动硬盘，但却没有显示出移动硬盘的盘符来。

问题的症结就在于此。右击移动硬盘的名称，在弹出的菜单中选择"更改驱动器号和路径"，发现该盘确实没有分配驱动器号。接着单击"添加"按钮，然后选中"指派以下驱动器号"复选框，在右边的下拉组合框中选一个合适的英文字母作为驱动器号，单击"确定"按钮。再扫描移动硬盘，移动硬盘的盘符就出现了。

2. 事件查看器

使用"事件查看器"，可以查看和设置事件日志选项，以便收集有关硬件、软件和系统问题的信息。

系统日志中存放了 Windows 操作系统产生的信息、警告或错误记录。通过查看这些信

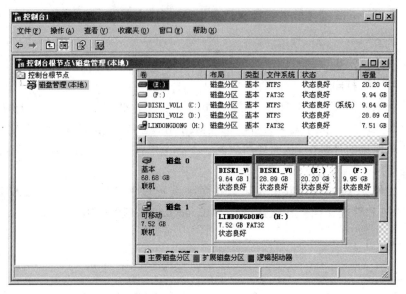

图 5-1　控制台 1

息、警告或错误记录，不但可以了解到某项功能配置或运行成功的信息，还可了解到系统的某些功能运行失败，或变得不稳定的原因。

　　安全日志中存放了审核事件是否成功的信息。通过查看这些信息，可以了解到这些安全审核结果是成功还是失败。

　　应用程序日志中存放了应用程序产生的信息、警告或错误记录。通过查看这些信息、警告或错误记录，可以了解到哪些应用程序成功运行，产生了哪些错误或者存在哪些潜在错误。程序开发人员可以通过了解这些信息来改善应用程序。

　　执行"开始"→"运行"命令，输入 eventvwr ，并按 Enter 键，就可以打开事件查看器，如图 5-2 所示。

图 5-2　事件查看器

查到导致系统问题的事件后,需要找到解决方法。解决这些问题主要通过两个途径:微软在线技术支持知识库以及 Eventid. net 网站。事实上,在网络中还可以找到许多有用的资源,当系统出现问题时可以参考使用。另外,微软中文社区(http://www.microsoft.com/china/comunity)提供了在线的免费技术支持和定期的专家聊天,只要稍加利用,都可能成为解决系统疑难杂症的宝贵资源。

5.3　任务实施

任务 5.1 的实施: 创建与管理域用户账户

1. 创建用户账户

在 Windows Server 2003 中,一个用户账户包含了用户的名称、密码、所属组、个人信息、通信方式等信息。在创建一个用户账户后,它被自动分配一个安全标识,这个标识是唯一的,即使账号被删除,它仍然保留。如果在域中再添加一个相同名称的账号,它将被分配一个新的安全标识。在域中利用账户的安全标识来分配用户的权限。

创建用户账户的步骤如下。

第 1 步:执行"开始"→"程序"→"管理工具"→"Active Directory 用户和计算机"命令,在打开的窗口中单击 Users 文件夹,此时会看到安装 Active Directory 时自动建立的用户账户,如图 5-3 所示。

图 5-3　"Active Directory 用户和计算机"窗口

第 2 步:执行"操作"→"新建"→"用户"命令,在创建新对象对话框中输入用户的姓、名、登录名,其中"用户登录名(Windows 2000 以前版本)"中的登录名是指当用户从运行 Windows NT/98 等以前版本操作系统的计算机登录网络所使用的用户名,如图 5-4 所示。填写完毕后单击"下一步"按钮。

第 3 步:在密码对话框中输入密码或不填写密码,并选中"用户下次登录时须更改密码"复选框,以便让用户在第一次登录时修改密码,如图 5-5 所示。

第 4 步:在完成对话框中会显示上一步设置的信息,如图 5-6 所示,单击"完成"按钮。这时用户会在管理器中看到新添加的用户。

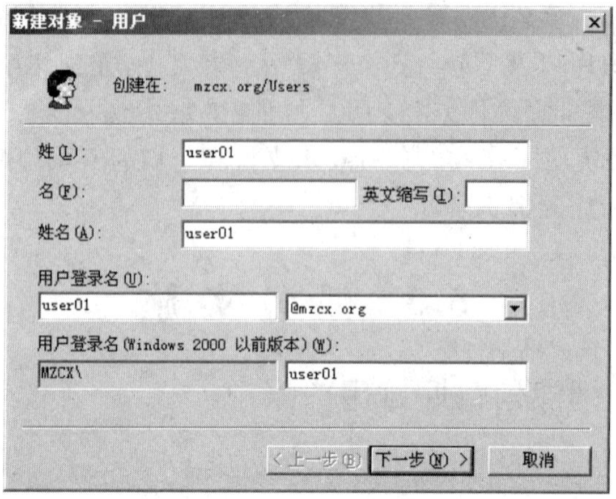

图 5-4　输入"用户名"等信息

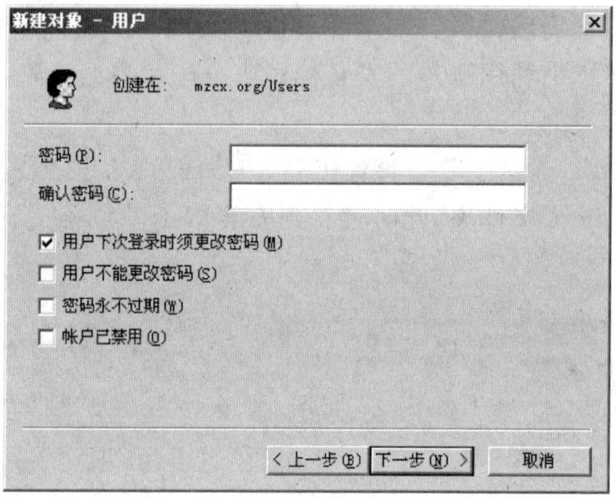

图 5-5　设置用户密码

图 5-6　新建用户信息

2. 管理用户账户

（1）输入用户的信息

如图 5-7 所示，在"user01 属性"对话框的"常规"选项中可以输入有关用户的描述、办公室、电话、电子邮件地址及个人主页地址；在"地址"选项卡中输入用户的所在地区及通信地址；在"电话"文本框中输入有关用户的家庭电话、移动电话、传真、IP 电话及相关备注信息，这样便于用户以后在活动目录中查找其他用户并获得相关信息。

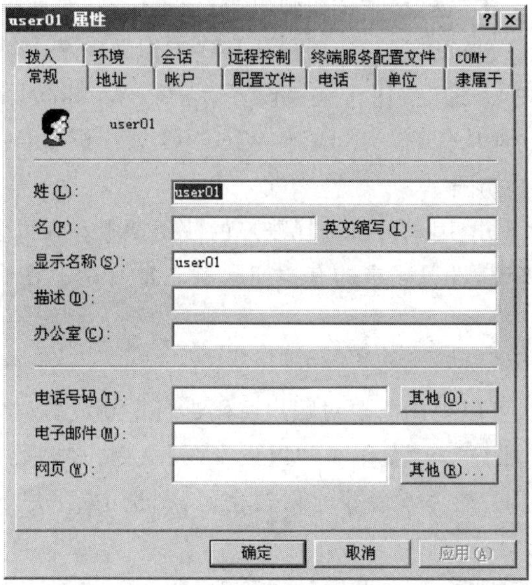

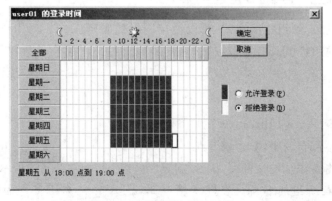

图 5-7 设置用户信息

（2）用户环境的设置

可以设置每一个用户的环境，如用户配置文件、登录脚本、宿主目录等，这些设置需根据实际情况而定。

（3）设置用户登录时间

在"账户"选项卡中单击"登录时间"按钮，出现如图 5-8 所示的对话框，图中横轴上的每个方块代表一小时，纵轴每个方块代表一天，蓝色方块表示允许用户使用的时间，空白方块表示该时间不允许用户使用，默认为在所有时间均允许用户使用。在这个例子中设置允许用户在每星期的周一到周五的上班时间 9 点到 18 点之间使用。

图 5-8 设置用户登录时段

当用户在允许登录的时间段内登录到网络中,并且一直持续到超过允许登录的时间时,用户可以继续连接使用,但不允许进行新的连接;如果用户注销后,则无法再次登录。

(4)限制用户由某台客户机登录

在"账户"选项卡中单击"登录到"按钮弹出"登录工作站"对话框。在默认情况下用户可以从所有的客户机登录。也可以设置让用户从某些工作站登录。设置时输入计算机的名称(NetBIOS 名),然后单击"添加"按钮。这些设置对于非 Windows NT/2000 工作站是无效的,如用户可以不受限制地从任何一台 DOS、Windows 客户机登录。

(5)设置账户的有效期限

在"账户"选项卡的下方,用户可以选择账户的使用期限。在默认情况下,账户是永久有效的,但对于临时员工来说,设置账户的有效期限就非常有用。在有效期限到期后,该账户被标记为失效,默认为一个月。

(6)管理用户账户

在创建用户账户后,可以根据需要对账户密码进行重新设置、修改、重命名等操作。

- 重设密码:执行"账户"→"操作"→"重设密码"命令,在密码设置对话框中输入新的密码。如果要求用户在下次登录时修改密码,则选中"用户下次登录时须更改密码"复选框。

- 账户的移动:执行"账户"→"操作"→"移动"命令,在"移动"对话框中选择相应的文件夹。

- 重命名:执行"账户"→"操作"→"重命名"命令,更改用户的名称,也可以更改内置的账户(例如,更改系统管理员的账户名称,这样有利于提高系统的安全性)。在更改名称后,由于该账户的安全标识并未被修改,所以,其账户的属性、权限等设置均未发生改变。

- 删除账户:执行"账户"→"操作"→"删除"命令,用户可以依次删除一个或多个账户。在删除账户后如再添加一个相同名称的账户,由于安全标识的不同,它无法继承已被删除账户的属性和权限。

任务 5.2 的实施: 创建与管理组账户

利用将用户加入到组中的方式,可以简化网络的管理工作。当用户对组设置了权限后,则组中所有的用户就具有了该权限,这样避免对每一个用户设置权限,从而减轻了工作量。

1. 添加组

第 1 步:打开"Active Directory 用户和计算机"窗口。

第 2 步:在控制台树中,双击域节点。

第 3 步:右击要添加的文件夹,执行"新建"→"组"命令,如图 5-9 所示。

第 4 步:输入新组的名称。在默认情况下,输入的名称还将作为新组的 Windows Server 2003 以前版本的名称。

第 5 步:选择所需的"组作用域"和"组类型",如图 5-10 所示。

图 5-9　新建"组"

2. 指定用户隶属的组

第 1 步：在用户属性对话框中单击"隶属于"标签，可以查看到当前用户隶属于哪些组，如图 5-11 所示。

图 5-10　新建组信息

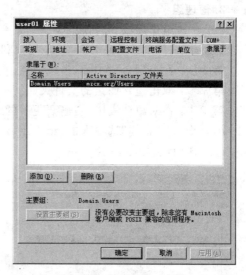

图 5-11　设置用户隶属组

第 2 步：要将用户添加到其他的组中则单击"添加"按钮，弹出如图 5-12 所示对话框。在对话框中选择需要添加的组（可以按住 Shift 键或 Ctrl 键，利用鼠标选择多个组），单击"确定"按钮。

第 3 步：如果需要将用户从其所属的指定组中删除，则在"隶属于"选项卡中选择该组，单击"删除"按钮即可，如图 5-13 所示。

注意：用户账号至少隶属于一个组，该组被称为主要组，这个主要组必须是一个全局组，且它不可被删除。

图 5-12 "选择组"对话框

3. 管理组

（1）更改组作用域和转换组类型

第 1 步：打开"Active Directory 用户和计算机"窗口。

第 2 步：在控制台树中，双击域节点。

第 3 步：双击包含该组的文件夹。

第 4 步：在对象列表中，右击要更改的组，然后执行"属性"命令。

第 5 步：在"常规"选项卡的"组作用域"中，通过单击"本地域"、"全局"或"通用"单选按钮更改组作用域，如图 5-14 所示。

图 5-13 删除用户隶属的组

图 5-14 更改作用域和转换组类型

第 6 步：在"常规"选项卡的"组类型"中，通过单击"安全组"或"通讯组"单选按钮，更改组类型。

（2）删除组

第 1 步：打开"Active Directory 用户和计算机"窗口。

第 2 步：在控制台树中，双击域节点。

第 3 步：双击包含该组的文件夹。

第 4 步：如图 5-15 所示，在对象列表中，右击要删除的组，然后单击"删除"选项。

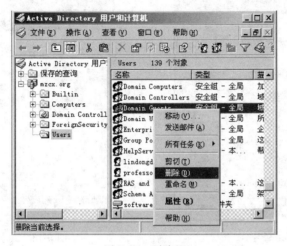

图 5-15　删除组

任务 5.3 的实施：文件共享

1. 文件共享

第 1 步：打开"我的电脑"，右击要共享的文件或文件夹，在弹出的快捷菜单中选择"共享和安全"选项，如图 5-16 所示。

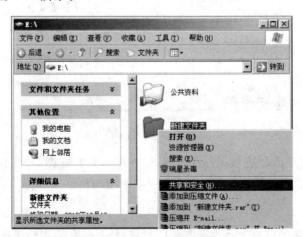

图 5-16　选择共享文件夹

第 2 步：在弹出的"属性"对话框中单击"共享"标签，在打开的"共享"选项卡中，选中"共享该文件夹"单选按钮，然后输入共享名和备注，并设置同时访问的用户数，如图 5-17 所示。

第3步：单击"权限"按钮，打开共享权限设置对话框。系统默认的共享权限是：Everyone组对共享文件有完全控制权，这个权限显然太大，这里取消选中"完全控制"和"更改"复选框，如图5-18所示。或者为了更安全，删除Everyone组，重新添加要给予共享权限的用户或组。

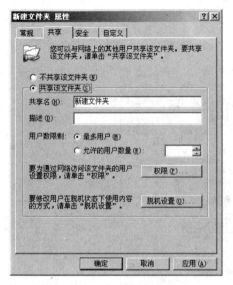

图 5-17 "共享"选项卡

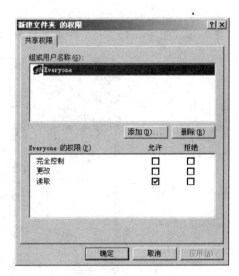

图 5-18 共享权限设置

第4步：在图5-18中单击"添加"按钮为共享文件夹添加新用户，在弹出窗口的"输入对象名称来选择"文本框中输入要添加的用户或组，再单击"确定"按钮完成设置，如图5-19所示。

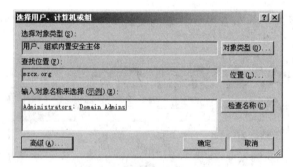

图 5-19 选择用户或组

第5步：如果要更改已添加用户或组拥有的权限，只要在图5-18中更改列表中对应的用户或组的权限即可。或者可以直接删除列表中的用户和组，取消其共享权限。

2. 驱动器共享

第1步：打开"我的电脑"，右击要共享的磁盘驱动器，在弹出的快捷菜单中选择"共享"选项。

第2步：在打开的"共享"选项卡中可以查看到，共享名和备注已经是默认共享，如图5-20所示。在这里单击"新建共享"按钮。

第 3 步：在"新建共享"对话框中填入共享名和描述，如图 5-21 所示。单击"确定"按钮完成。

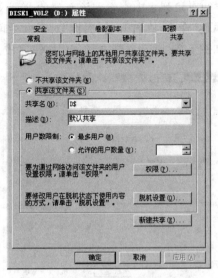

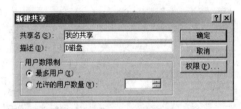

图 5-20　驱动器"共享"选项卡　　　　　　　　图 5-21　新建共享

第 4 步：权限设置和文件共享设置一样，请参考 5.3 节中的文件共享的步骤设置权限。

3. 在活动目录中发布共享文件夹

管理员或用户共享了某个文件夹后，就可以向活动目录发布该文件夹了。

第 1 步：选择"开始"→"程序"→"管理工具"→"Active Directory 用户和计算机"命令打开控制台。

第 2 步：在要放置共享文件夹的组织单位上右击，在弹出的快捷菜单中执行"新建"→"共享文件夹"命令，如图 5-22 所示。

图 5-22　新建共享文件夹

第3步：在"新建对象-共享文件夹"对话框中填入共享文件夹名称和所在的网络路径，单击"确定"按钮完成，如图5-23所示。

第4步：可以在放置该共享文件夹的组织单位的对象列表中查看到该新建的共享文件夹。右击共享文件夹，在弹出的快捷菜单中选择"属性"命令，在打开的"属性"对话框中可以对该共享文件夹添加描述、关键字和分配管理员，如图5-24所示。单击"确定"按钮完成。

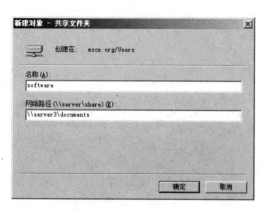

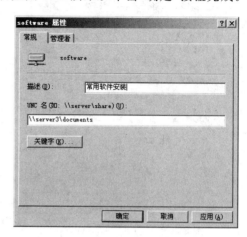

图 5-23　"新建对象-共享文件夹"对话框　　　　图 5-24　设置共享文件夹属性

描述和关键字能够使用户更容易根据自己的要求在活动目录中搜索到想要的内容，一般应准确填写。

5.4　实　　训

实训 5.1　创建用户账户并登录

实训目的：

掌握用户账户的创建方法以及如何用该账户登录到网络中。

实训内容：

(1) 创建用户账户。

(2) 用户登录网络。

实训步骤：

(1) 在服务器上创建一个 student 账户。

(2) 设置 student 账户属性。

(3) 在客户机上用 student 账户登录到服务器上。

(4) 实现 student 账户在客户机上访问服务器共享资源。

实训 5.2　创建组并添加已存在的账户

实训目的：

掌握用户组的创建方法，并将用户账户添加到组中。

实训内容：

(1) 创建用户组。

(2) 将用户加入到用户组。

实训步骤：

(1) 在服务器上创建一个 Class 组。

(2) 将 student 用户添加到 Class 组中。

(3) 在 D 盘创建 A 文件夹，并将其设置共享。

(4) 添加 Class 组并设置不同的权限。

(5) 尝试用 student 用户在不同权限下访问 A 文件夹。

实训 5.3　安装本地打印机和网络打印机并打印文档

实训目的：

(1) 掌握安装本地打印机和网络打印机的方法。

(2) 掌握打印文档的方法。

实训内容：

(1) 安装本地打印机。

(2) 安装网络打印机。

(3) 打印文档。

实训步骤：

(1) 完成计算机 A 和 B 的网络硬件连接。

(2) 配置计算机 A 和 B，使它们互相连通。

(3) 完成打印机与计算机 A 的硬件连接。

(4) 在 A 计算机上安装打印机驱动程序。

(5) 在 B 计算机上安装网络打印机。

(6) 在 B 计算机上编辑文档并打印该文档。

课 外 练 习

1. 在工作组模式下，两个常见的内置账户是什么？

2. 当服务器从工作组模式升级为域模式时，原来创建的本地用户和本地组会发生什么变化？

3. 能否在域控制器上创建本地用户和组？ 本地用户和组可在哪些计算机上创建？

4. 在删除账户后如再添加一个相同名称的账户，它是否与删除前的同名账户具有同样的属性和权限？ 为什么？

5. 举例说明组是如何简化用户账户管理工作的？

第6章

应用服务器的基本配置

服务器安装好后,应对服务器进行 DNS、DHCP 和 Web 等服务的安装与配置,发挥服务器的应用功能。本章介绍 DNS、DHCP 和 Web 等服务的安装与基本配置。

本章主要内容

- DNS 服务器的基本配置;
- DHCP 服务器的基本配置;
- Web 服务器的基本配置。

能力培养目标

掌握 DNS、DHCP 和 Web 服务器的基本配置方法。

6.1 任务导入与问题思考

【任务导入】

任务 6.1　配置 DNS 服务器

要求先安装 DNS 服务器并进行基本的配置。

任务 6.2　配置 DHCP 服务器

要求先安装 DHCP 服务器并进行基本的配置。

任务 6.3　配置 Web 服务器

要求先安装 Web 服务器并进行基本的配置。

【问题与思考】

(1) DNS 的作用是什么? 如何安装与配置?

(2) DHCP 的作用是什么? 如何安装与配置?

(3) Web 的作用是什么? 如何安装与配置?

6.2　知　识　点

6.2.1　DNS 基础知识

DNS 是 Domain Name System(域名系统)的缩写,用于 TCP/IP 网络中,通过以简单的域名(如 www.163.com)代替难记的 IP 地址(如 210.36.104.11)来定位计算机和服务。因此使用域名访问网络前,首先应在服务器上安装和配置 DNS 服务,确定 IP 地址和域名的对应关系。

DNS 服务器的配置主要包括正向查询和反向查询。

(1) 正向查询

已知某台计算机的名称,通过 DNS 服务器查询该计算机的 IP 地址,称为正向查询。

(2) 反向查询

已知某台计算机的 IP 地址,发出 IP 地址查询,DNS 服务器返回该计算机的名称,称为反向查询。

6.2.2　DHCP 基础知识

手工配置可获得 IP 地址,但是当用户断开与服务器的连接后,旧的 IP 地址将无法释放,致使 IP 地址的利用率不高,造成有限的 IP 地址资源浪费。为提高 IP 地址的利用率,可以使用 DHCP 服务器来解决。

DHCP 是 Dynamic Host Configuration Protocol(动态主机配置协议)的缩写,是一个简化主机 IP 分配管理的 TCP/IP 标准协议。用户可利用 DHCP 服务器动态分配 IP 地址及完成其他相关的环境配置工作(如 DNS、默认网关的设置)。

DHCP 的常用术语如下。

(1) 作用域:是一个网络中所有可分配的 IP 地址的连续范围,主要用来定义网络中单一物理子网的 IP 地址范围。作用域是服务器用来管理由 DHCP 分配给网络客户的 IP 地址的重要手段。

(2) 排除地址:是不用于分配的 IP 地址的序列,如 DHCP 服务器端口的 IP 地址等已经使用并且需要长期使用,不能再被分配做他用的 IP 地址,以确保被排除的 IP 地址不会被 DHCP 服务器分配给客户机。

(3) 地址池:在用户定义了 DHCP 范围及排除范围后,剩余的地址就构成了一个地址池。地址池中的地址可以由 DHCP 服务器动态分配给网络中的客户机使用。

(4) 租约:客户机向 DHCP 服务器租用 IP 地址的时间长度。

(5) 保留地址:用户可利用其创建一个永久的地址租约,以保证子网中的指定硬件设备始终使用同一个 IP 地址。

6.2.3　Web 基础知识

Web 也称为 WWW(World Wide Web),中文名称为万维网,主要功能是提供网上信息浏览服务。通过万维网,人们只要通过使用简单的方法,就可以很迅速方便地取得丰富的信息资料。

Web 服务基于 TCP/IP 协议组应用层中的 HTTP 协议,默认端口号是"80"。Web 服务器可以解析 HTTP 协议。当 Web 服务器接收到一个 HTTP 请求时,会返回一个 HTTP 响应,如送回一个 HTML 页面。

6.2.4 FTP 基础知识

FTP 服务是 Internet 上常见的传输文件的服务,它依赖 TCP/IP 协议组应用层中的 FTP 协议,实现较快的文件传送。

FTP 站点需要 IP 地址和 TCP 端口号。FTP 服务的默认端口号是"21",而 Web 服务的默认端口号是"80",所以一个 FTP 站点可以和一个 Web 站点共享一个 IP 地址。如果不使用默认的"21"作为 FTP 站点的 TCP 端口号,在客户机请求 FTP 站点时,就需要在 FTP 服务器域名地址后面添加":"和实际端口号。

6.3 任务实施

任务 6.1 的实施: 配置 DNS 服务器

1. 安装 DNS 服务器

第 1 步:单击"开始"→"设置"→"控制面板",在打开的如图 6-1 所示的"控制面板"窗口中双击"添加或删除程序"组件,可打开"添加或删除程序"对话框。

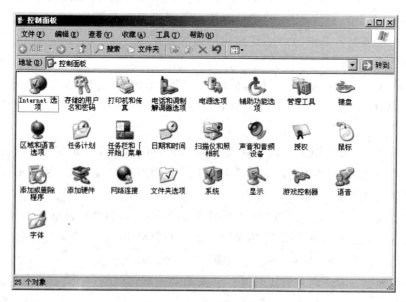

图 6-1 "控制面板"窗口

第 2 步:在"添加或删除程序"对话框中单击左边的"添加/删除 Windows 组件",如图 6-2 所示。

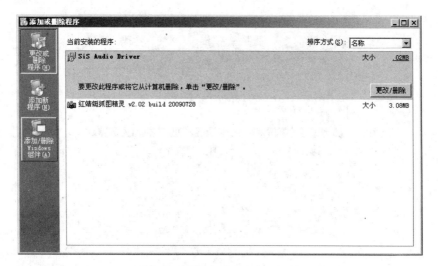

图 6-2　"添加或删除程序"对话框

第 3 步：在打开的"Windows 组件向导"对话框中选择"网络服务"，然后单击"详细信息"按钮，如图 6-3 所示。

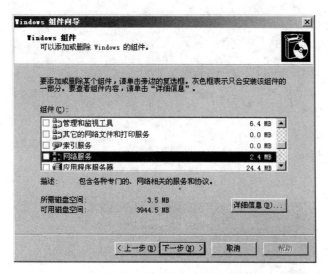

图 6-3　选择"网络服务"

第 4 步：在打开的"网络服务"对话框中，选中"域名系统（DNS）"复选框，如图 6-4 所示。

第 5 步：单击"确定"按钮，回到"Windows 组件向导"对话框，单击"下一步"按钮进行组件配置，如图 6-5 所示。待文件配置完成后单击"完成"按钮，如图 6-6 所示。

2. 配置及测试 DNS 服务器

（1）创建正向查找区域

第 1 步：执行"开始"→"程序"→"管理工具"→"DNS"命令，打开 DNS 控制窗口，双击服务器名展开目录，如图 6-7 所示。

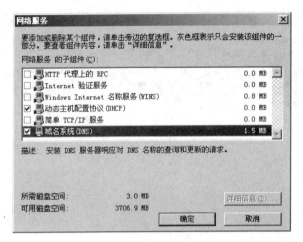

图 6-4　"网络服务"对话框

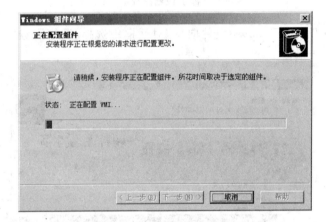

图 6-5　组件配置进度状态显示

图 6-6　完成组件安装

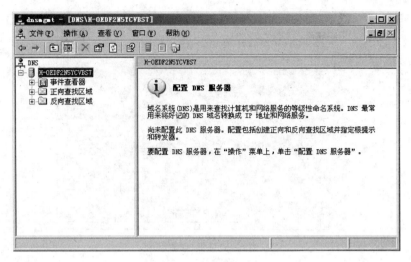

图 6-7　DNS 控制窗口

第 2 步：右击"正向查找区域"，在弹出的快捷菜单中选择"新建区域"，如图 6-8 所示。

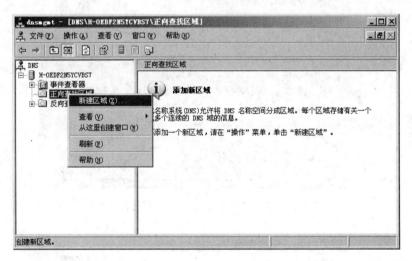

图 6-8　选择"新建区域"

第 3 步：在"欢迎使用新建区域向导"对话框中，单击"下一步"按钮，打开"新建区域向导"对话框，选择"主要区域"，如图 6-9 所示。

第 4 步：单击"下一步"按钮，在打开的对话框中，选中"至 Active Directory 域 dz.com 中的所有域控制器"单选按钮，如图 6-10 所示。

第 5 步：单击"下一步"按钮，在打开的对话框中输入区域名称，如图 6-11 所示。

第 6 步：单击"下一步"按钮，进入创建区域文件对话框，如图 6-12 所示。

第 7 步：保持默认设置不变，单击"下一步"按钮，在打开的对话框中选中"只允许安全的动态更新（适合 Active Directory 使用）"单选按钮，如图 6-13 所示。

第 8 步：单击"下一步"按钮，出现如图 6-14 所示的对话框。单击"完成"按钮，结束新建一个区域的操作。

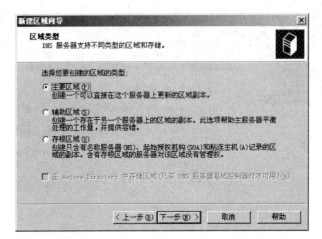

图 6-9　选择区域类型

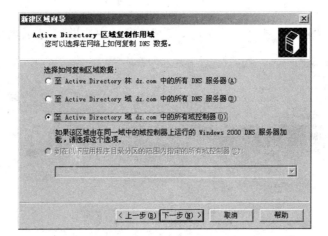

图 6-10　选择 Active Directory 区域复制作用域

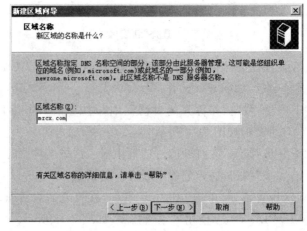

图 6-11　指定区域名称

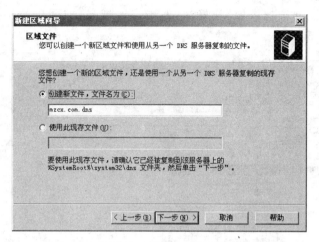

图 6-12 创建区域文件

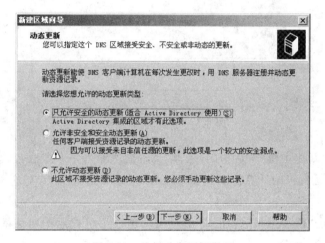

图 6-13 选择动态更新类型

图 6-14 完成新建区域向导提示

第 9 步：当"正向查找区域"建好后，右击该区域名，在弹出的快捷菜单中选择"新建主机"，如图 6-15 所示。

图 6-15　选择"新建主机"

第 10 步：在"新建主机"对话框的"名称"文本框中输入一个主机名，这个主机名可根据需要取名，不一定是真正的计算机名。在"IP 地址"文本框中，输入对应主机的 IP 地址，如图 6-16 所示。

第 11 步：单击"添加主机"按钮，将出现成功创建主机提示的对话框，如图 6-17 所示。单击"确定"按钮，完成创建。

图 6-16　"新建主机"对话框

图 6-17　成功创建提示

（2）创建反向查找区域

第 1 步：在打开的 DNS 控制窗口中，右击窗口左侧的"反向查找区域"，在弹出的快捷菜单中选择"新建区域"选项,如图 6-18 所示。

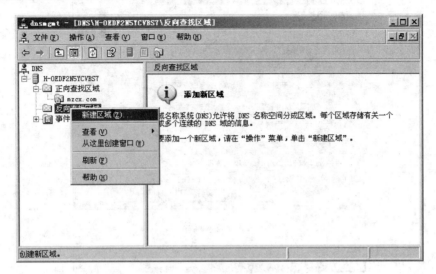

图 6-18　创建反向查找区域

第 2 步:在出现的"欢迎使用新建区域向导"对话框中单击"下一步"按钮,出现"新建区域向导"对话框,选中"主要区域"单选按钮,如图 6-19 所示。

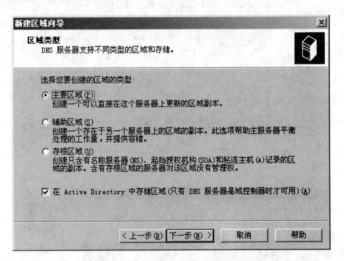

图 6-19　"新建区域向导"对话框

第 3 步:单击"下一步"按钮,在打开的对话框中,输入网络 ID,如图 6-20 所示。

第 4 步:单击"下一步"按钮,在打开的对话框中,选中"至 Active Directory 域 dz. com 中的所有域控制器"单选按钮,如图 6-21 所示。

第 5 步:单击"下一步"按钮,在打开的对话框中,选中"只允许安全的动态更新(适合 Active Directory 使用)"单选按钮,如图 6-22 所示。

第 6 步:单击"下一步"按钮,出现如图 6-23 所示的对话框。单击"完成"按钮,完成创建。

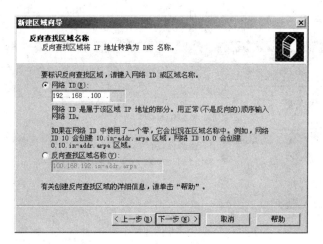

图 6-20　输入网络 ID

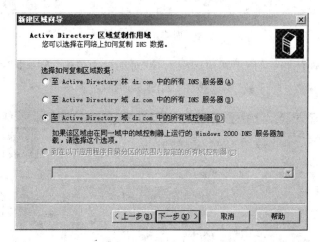

图 6-21　选择 Active Directory 区域复制作用域

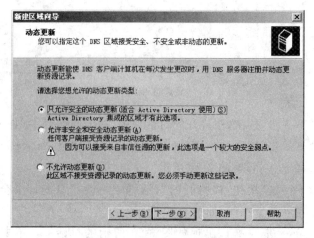

图 6-22　选择动态更新类型

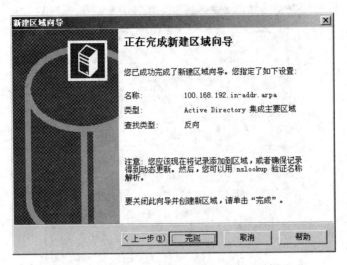

图 6-23　"正在完成新建区域向导"对话框

（3）设置 DNS 区域动态更新

第 1 步：打开 DNS 控制窗口，右击窗口左侧所要设置更新的区域（如：mzcx. com），在弹出的快捷菜单中选择"属性"选项，如图 6-24 所示。

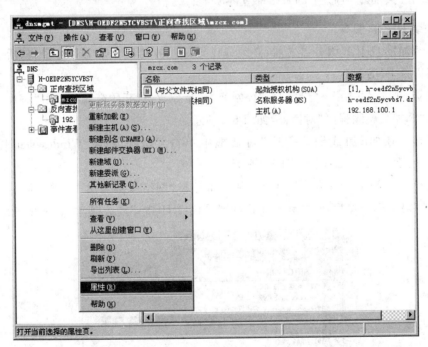

图 6-24　选择设置区域

第 2 步：在出现的"mzcx. com 属性"对话框中，单击"常规"标签，在"常规"选项卡的"动态更新"下拉列表框中选择"安全"选项，如图 6-25 所示。

第 3 步：单击"应用"按钮，然后单击"确定"按钮，即完成所设置区域的动态更新。

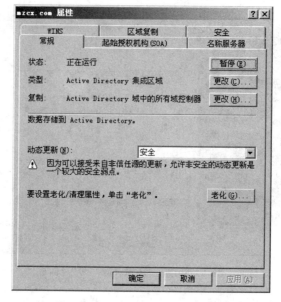

图 6-25 "mzcx.com 属性"对话框

任务 6.2 的实施：配置 DHCP 服务器

1. 安装 DHCP 服务

在安装配置 DHCP 服务器之前，必须先设置好服务器的 TCP/IP 属性（包括 IP 地址、子网掩码以及 DNS 等）。

第 1 步：执行"开始"→"设置"→"控制面板"命令，在打开的窗口中双击"添加或删除程序"，打开"添加或删除程序"对话框，如图 6-2 所示。

第 2 步：在"添加或删除程序"对话框中单击"添加/删除 Windows 组件"，打开"Windows 组件向导"对话框，如图 6-3 所示。

第 3 步：在"Windows 组件向导"对话框中选择"网络服务"，单击"详细信息"，可打开"网络服务"对话框。然后选中"动态主机配置协议（DHCP）"复选框，如图 6-26 所示。

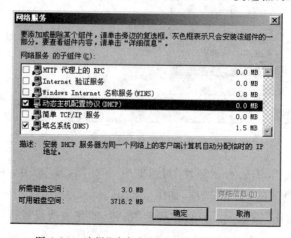

图 6-26 选择"动态主机配置协议（DHCP）"

第 4 步：单击"确定"按钮，回到"Windows 组件向导"对话框，单击"下一步"按钮，待文件复制完成后单击"完成"按钮即可。

2. 配置 DHCP 服务器

第 1 步：执行"开始"→"程序"→"管理工具"→"DHCP"命令，打开 DHCP 控制窗口，如图 6-27 所示，双击服务器名称展开目录。

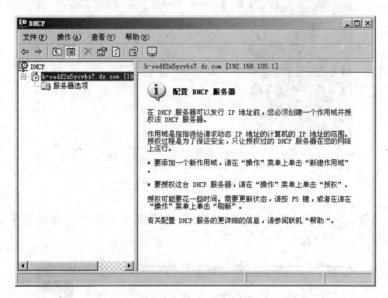

图 6-27　DHCP 控制窗口

第 2 步：右击服务器名称，在弹出的快捷菜单中选择"新建作用域"命令，如图 6-28 所示。

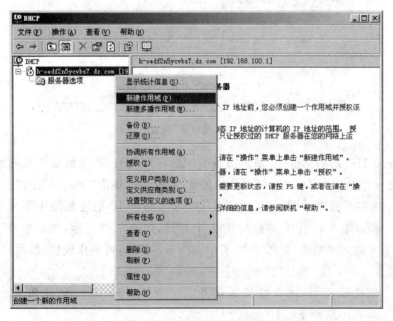

图 6-28　选择"新建作用域"

第3步：在弹出的"新建作用域向导"对话框中单击"下一步"按钮，如图6-29所示。

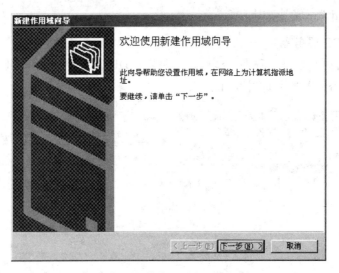

图 6-29 "新建作用域向导"对话框

第4步：在弹出的对话框的"名称"和"描述"文本框中输入名称和描述信息，如图6-30所示。然后单击"下一步"按钮。

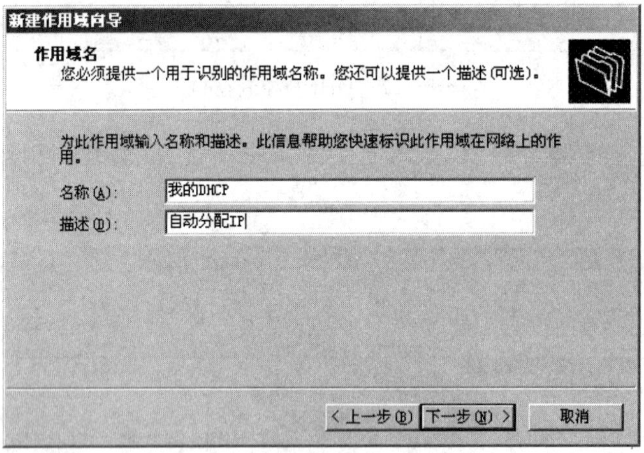

图 6-30 "作用域名"设置对话框

第5步：在打开的对话框中，输入准备分配给客户机的IP地址范围的起始IP地址和结束IP地址，如图6-31所示。设置好相应的子网掩码后，单击"下一步"按钮。

第6步：在打开的对话框中，可指定在上一步设置的IP地址范围中哪一小段IP地址不分配给客户机。输入起始IP地址和结束IP地址，如图6-32所示，然后单击"添加"按钮，将其添加到下方的列表框中，如图6-33所示。如不需排除，可不作设置，然后单击"下一步"按钮。

注意：此处设置的IP地址范围不能与上一步设置的IP地址范围完全相同，否则DHCP服务器将无法正常分配IP地址。

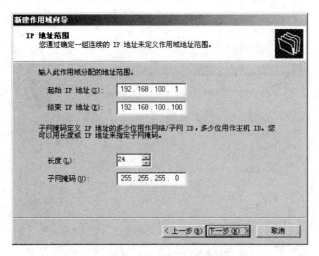

图 6-31　设置 IP 地址范围

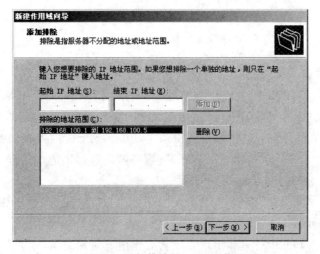

图 6-32　设置排除的 IP 地址范围

图 6-33　添加排除的 IP 地址范围

第7步：在打开的对话框中，可设置客户机从 DHCP 服务器租用地址的时间，如图 6-34 所示。

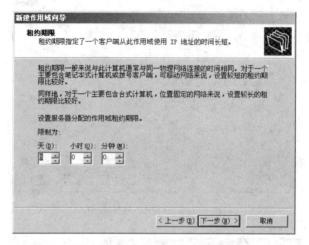

图 6-34　设置租约期限

第8步：设置完成后，单击"下一步"按钮，在弹出的对话框中，选中"是，我想现在配置这些选项"单选按钮，如图 6-35 所示。

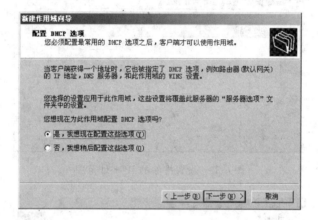

图 6-35　配置 DHCP 选项

第9步：单击"下一步"按钮，出现设置路由器（默认网关）对话框。输入默认网关的地址，单击"添加"按钮，将默认网关地址添加到列表中，如图 6-36 所示。

第10步：单击"下一步"按钮，设置域名称和 DNS 服务器。在弹出的对话框中输入 DNS 服务器的 IP 地址，然后单击"添加"按钮，将其添加到下方的列表框中，如图 6-37 所示。

第11步：单击"下一步"按钮，设置 WINS 服务器。在弹出的对话框中输入服务器的 IP 地址，然后单击"添加"按钮，如图 6-38 所示。

第12步：单击"下一步"按钮，在打开的对话框中，选中"是，我想现在激活此作用域"单选按钮，如图 6-39 所示。

第13步：单击"下一步"按钮，出现完成新建作用域向导提示，如图 6-40 所示。单击"完成"按钮即完成作用域的建立，返回 DHCP 控制窗口。

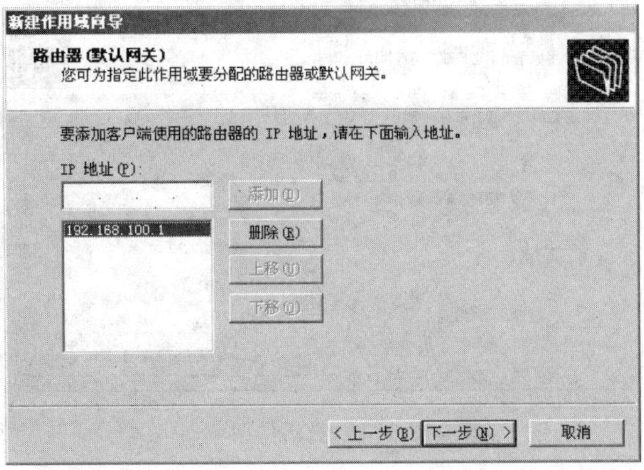

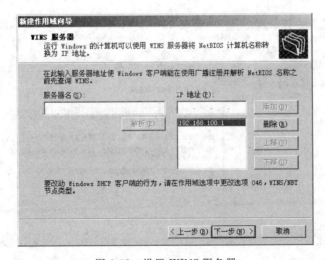

图 6-36　设置路由器(默认网关)

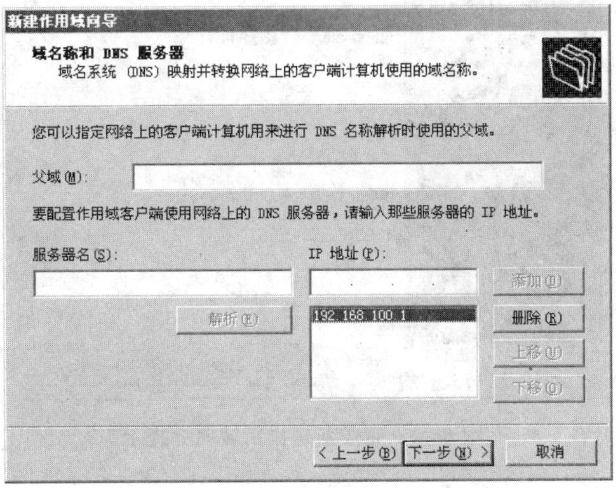

图 6-37　设置域名称和 DNS 服务器

图 6-38　设置 WINS 服务器

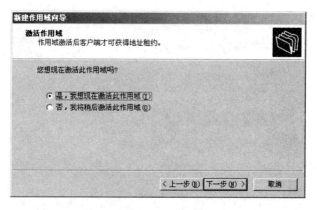

图 6-39　激活作用域

图 6-40　完成新建作用域向导提示

第 14 步：在 DHCP 控制窗口中，右击左侧的"DHCP"，在弹出的快捷菜单中选择"管理授权的服务器"命令，如图 6-41 所示，打开"管理授权的服务器"对话框。

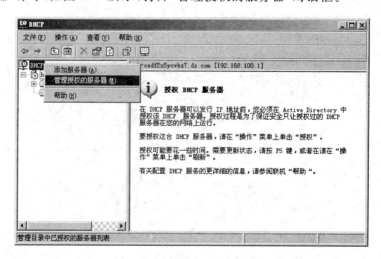

图 6-41　设置管理授权的服务器

第15步：在如图6-42所示的"管理授权的服务器"对话框中，单击"授权"按钮，出现"授权DHCP服务器"对话框，输入需要授权的DHCP服务器的名称或IP地址，如图6-43所示。

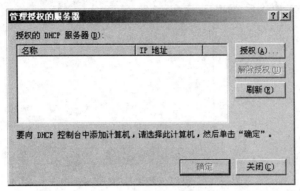

图6-42　"管理授权的服务器"对话框

第16步：单击"确定"按钮，出现"确认授权"对话框，如图6-44所示。

图6-43　"授权DHCP服务器"对话框

图6-44　"确认授权"对话框

第17步：确认无误后，单击"确定"按钮，返回到"管理授权的服务器"对话框，在列表中选中服务器名称，如图6-45所示。然后单击"确定"按钮，即完成授权，如图6-46所示。

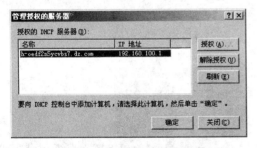

图6-45　选择管理授权的服务器

图6-46　完成授权提示

第18步：重新打开DHCP控制窗口，出现如图6-47所示界面，显示DHCP服务器已经正常运行了。

任务6.3的实施：配置Web服务器

1. 安装Internet信息服务（IIS）

第1步：执行"开始"→"设置"→"控制面板"命令，在打开的"控制面板"窗口中双击"添

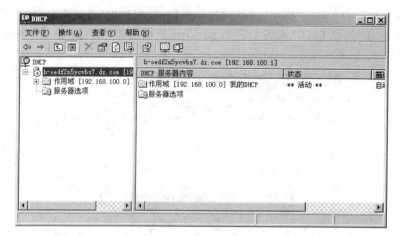

图 6-47　设置后的 DHCP 控制窗口

加或删除程序"组件,打开"添加或删除程序"对话框。单击"添加/删除 Windows 组件"按钮,出现"Windows 组件向导"对话框,选择"应用程序服务器"复选框,如图 6-48 所示。单击"详细信息"按钮,在弹出的"应用程序服务器"对话框中,选中"Internet 信息服务(IIS)"复选框,如图 6-49 所示。

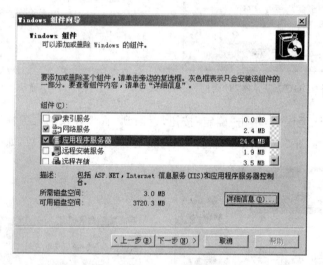

图 6-48　选择"应用程序服务器"选项

　　第 2 步:单击"详细信息"按钮,在弹出的"Internet 信息服务(IIS)"对话框中,选中"Internet 信息服务管理器"复选框,如图 6-50 所示。

　　第 3 步:单击"确定"按钮后,再单击"下一步"按钮,启动"Internet 信息服务(IIS)"安装程序,最后单击"完成"按钮,结束安装。

2. 创建 Web 服务器

　　第 1 步:执行"开始"→"程序"→"管理工具"命令,打开"Internet 信息服务(IIS)管理器"窗口,右击窗口左侧的"网站",在弹出的快捷菜单中选择"新建"→"网站"选项,如图 6-51 所示。

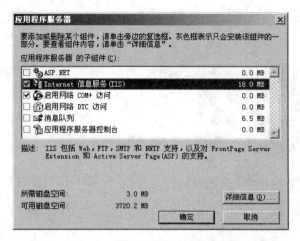

图 6-49 "应用程序服务器"对话框

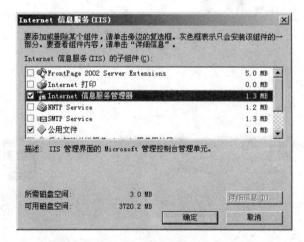

图 6-50 "Internet 信息服务(IIS)"对话框

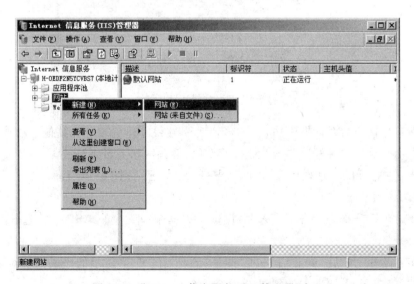

图 6-51 "Internet 信息服务(IIS)管理器"窗口

第2步：出现"网站创建向导"对话框，如图6-52所示，单击"下一步"按钮，进行"网站描述"。

图6-52 "网站创建向导"对话框

第3步：在打开的对话框中，输入"我的主页"，如图6-53所示。单击"下一步"按钮，设置IP地址和端口。

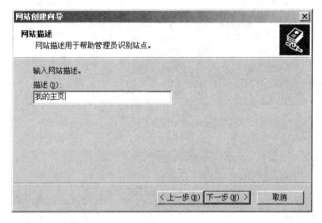

图6-53 "网站描述"对话框

第4步：在打开的对话框中输入网站IP地址"192.168.100.1"，其他选项按照默认设置，如图6-54所示。设置好后单击"下一步"按钮，设置网站主目录路径。

第5步：在打开的对话框中，输入网站主目录的路径，如图6-55所示。单击"下一步"按钮，设置网站访问权限。

第6步：在打开的对话框中，选中"读取"和"运行脚本（如ASP）"复选框，如图6-56所示。

第7步：设置完成后，单击"下一步"按钮，出现如图6-57所示的完成提示对话框，单击"完成"按钮，完成Web服务器的创建。

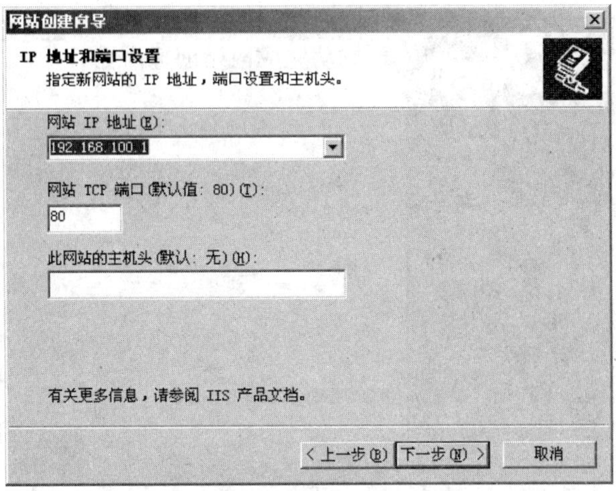

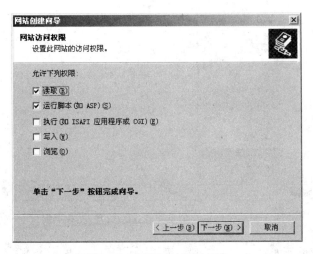

图 6-54　设置 IP 地址和端口

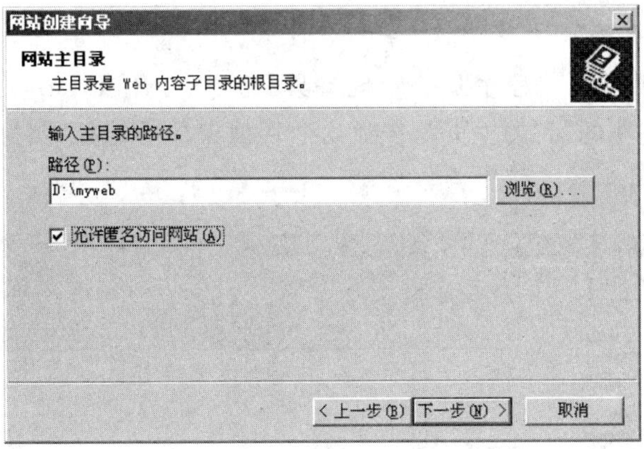

图 6-55　设置网站主目录路径

图 6-56　设置网站访问权限

图 6-57　完成提示

3. 配置 Web 服务器

第 1 步：执行"开始"→"程序"→"管理工具"命令，打开"Internet 信息服务（IIS）管理器"窗口，右击窗口左侧的"我的主页"，在弹出的快捷菜单中选择"属性"命令，如图 6-58 所示，打开"我的主页 属性"对话框。

图 6-58　"Internet 信息服务（IIS）管理器"控制窗口

第 2 步：在"我的主页属性"对话框中，如图 6-59 所示，单击"网站"标签，在"网站"选项卡中进行网站选项配置。其主要配置如下。

图 6-59　"我的主页 属性"对话框

（1）描述：关于站点的描述，可自由输入相应描述内容。

（2）IP 地址：此站点提供服务的 IP 地址。单击"高级"按钮，出现"高级网站标识"对话框，可为 Web 站点添加额外的标识，如图 6-60 所示。

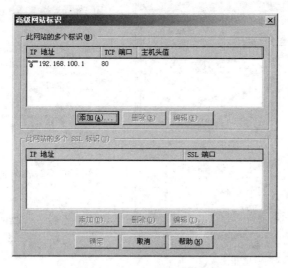

图 6-60　"高级网站标识"对话框

（3）TCP 端口：默认为"80"，可改变端口，配置多个 Web 站点。

（4）SSL 端口：安全站点所用。

第 3 步：在"我的主页 属性"对话框中，单击"主目录"标签，在"主目录"选项卡中可设置主目录属性，如图 6-61 所示。

第 4 步：在"我的主页 属性"对话框中，单击"目录安全性"标签，在"目录安全性"选项卡中可设置目录安全性，如图 6-62 所示。"目录安全性"选项卡的主要配置如下。

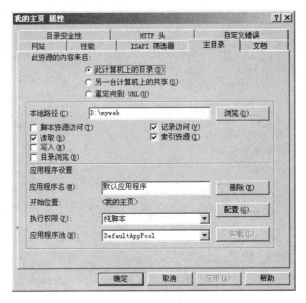

图 6-61 "主目录"选项卡

(1) 身份验证和访问控制：单击"编辑"按钮，出现"身份验证方法"对话框，在此可设置用于匿名访问的用户账号，如图 6-63 所示。

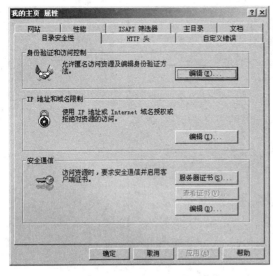

图 6-62 "目录安全性"选项卡

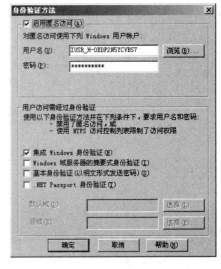

图 6-63 "身份验证方法"对话框

(2) IP 地址和域名限制：单击"编辑"按钮，出现"IP 地址和域名限制"对话框，在此可设置授权访问和拒绝访问的计算机，如图 6-64 所示。

第 5 步：在"我的主页 属性"对话框中，单击"文档"标签，再在"文档"选项卡中单击"添加"按钮，可设置默认文档，如图 6-65 所示。

注意：此处设置的文档名称必须与存放在主目录中的网页文档完全一致。

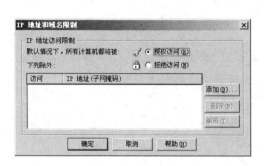

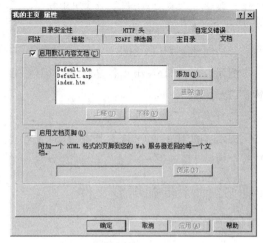

图 6-64 "IP 地址和域名限制"对话框　　　　图 6-65 "文档"选项卡

6.4 实 训

实训 6.1 建立与访问班级的 Web 站点

实训目的：

掌握 Web 的创建和应用。

实训内容：

创建班级站点并存入主页，使客户机能够访问主页。

实训步骤：

(1) 创建班级 Web 站点。

(2) 将 Web 站点的主页设置为班级主页。

(3) 通过客户机访问班级主页。

(4) 在 DNS 服务器中新建作用域，并创建一个主机目录。

(5) 在客户机中使用 IE 浏览器输入域名访问班级主页。

实训 6.2 配置 FTP 服务器

实训目的：

掌握 FTP 服务器的基本配置方法。

实训内容：

安装 FTP 服务组件以及创建和配置 FTP 站点。

实训步骤：

(1) 安装 FTP 服务组件。

提示：打开"添加或删除程序"对话框，单击"添加/删除 Windows 组件"按钮→选择"应用程序服务器"→单击"详细信息"按钮→选中"Internet 信息服务(IIS)",选中"文件传输协议(FTP)服务"单选按钮。

(2) 创建 FTP 服务器。

提示：打开"Internet 信息服务(IIS)管理器"窗口,参照 Web 站点的创建方法,创建一个 FTP 站点。

(3) 配置 FTP 服务器。

提示：在"Internet 信息服务(IIS)管理器"窗口中,右击创建好的 FTP 站点,在弹出的菜单中选择"属性"命令,在"属性"窗口中对各个选项卡中的内容进行配置。

实训 6.3 上传和下载文件

实训目的：

掌握 CuteFTP 软件的使用方法。

实训内容：

使用 CuteFTP 软件上传和下载文件。

实训步骤：

(1) 下载并安装 CuteFTP 软件。

(2) 使用 CuteFTP 软件从服务器上下载 WinRAR 软件等服务器提供下载的文件。

(3) 在 D 盘中新建一个记事本文档,输入文字后保存,使用 CuteFTP 软件将其上传到服务器。

课 外 练 习

1. 简述 DNS 服务器的作用和域名解析过程。
2. 简述 DHCP 服务器的作用和工作过程。
3. 简述 Web 服务器的作用和主要配置过程。

网络管理与维护

随着计算机技术的发展和 Internet 应用的深入,以及各种技术的频繁升级,使得计算机网络的管理与维护变得至关重要。网络管理是计算机网络的关键技术之一,它对于保持计算机网络系统持续正常运行起着非常重要的作用,尤其在大型计算机网络中更是如此。

本章主要内容

- 网络管理的含义和功能;
- 网络管理协议;
- 网络管理软件;
- 网络故障的诊断方法和步骤。

能力培养目标

培养学生掌握网络管理工具软件安装、配置和使用的方法,以及排除一般网络故障的能力。

7.1 任务导入与问题思考

【任务导入】

任务 7.1 安装与配置 Windows Server 2003 网络监视器
在 Windows Server 2003 中安装和配置网络监视器,并使用监视器收集网络信息。

任务 7.2 配置 Windows Server 2003 性能监视器
要求通过服务器性能监视器,了解服务器性能。

【问题与思考】

(1) 什么是网络管理?
(2) 网络管理有哪些功能?
(3) 网络管理常用工具软件有哪些?
(4) 如何排除网络故障?

7.2 知 识 点

7.2.1 网络管理概述

随着计算机技术和 Internet 的发展,在社会生活中网络的应用越来越广泛,其规模不断扩大,结构越来越复杂,安全性与运行状况也越来越受到重视,网络管理成为网络应用中重要的部分。

1. 网络管理的定义

网络管理,即通过某种方式对网络性能、运行状况和安全性进行监测和控制的过程。当网络出现故障时能及时报告和处理,并协调、保持网络正常、高效地运行。

2. 网络管理的功能

(1) 故障管理

故障管理是网络管理中最重要的功能之一。在复杂的网络系统中,当发生故障时,往往不能快速、详细地确定故障所在的准确位置。故障管理需要检测网络发生的所有故障,并记录每个故障产生的相关信息,最后确定并排除故障。必要时还会启动控制功能,包括诊断、修理、测试、恢复、备份等,以保证网络能提供连续可靠的服务。

(2) 性能管理

性能管理包括性能监测、性能管理控制和性能分析等部分,它把从各种不同设备采集得到的数据进行整合、关联,鉴别实际和潜在的问题,建立和报告有关网络运行的参数,如吞吐率、响应时间、网络的可用性等,从而为用户评价网络资源的运行状况和通信效率等系统性能提供依据。

(3) 配置管理

配置管理是维护网络正常运行的重要手段。配置管理可以掌握和控制网络的状态,如网络设备、端口的配置和网络内各个设备的状态等。定义、收集、监测和管理系统的配置参数,跟踪和管理各种版本的硬件和软件的网络操作。管理员可以通过配置管理随时了解网络拓扑结构以及所交换的信息,并使得网络性能达到最优。

(4). 安全管理

安全管理是保证网络安全运行的一组功能,包括验证网络用户的访问权限和优先级,检测和记录未授权用户企图进行的不应有操作,以确保网络资源不被非法使用,并保证网络管理信息的机密性和完整性。

(5) 计费管理

计费管理可以记录与统计用户使用网络资源的情况和费用。它不但能测量用户对网络资源的使用情况,同时还能根据管理员所设置的网络资源的使用计费限制,控制用户使用网络的行为。为了实现合理的计费,计费管理必须和性能管理相结合。

7.2.2 网络管理协议

1. 公共管理信息协议(CMIP)

CMIP(Common Management Information Protocal,通用管理信息协议)是由国际标准

化组织 ISO 于 1979 年制定的网络管理国际标准,它是一种构建在 OSI/RM 七层参考模型基础上的网络管理协议。CMIP 中采用了可靠的 OSI 面向连接传输机制,并内置安全机制,其功能包括访问控制、认证和安全日志。管理信息在网络管理应用程序和管理代理之间交换。管理对象是管理设备的一个特征,且可以被监控、修改或控制等,并能完成各种作业。CMIP 在安全性、功能等方面都大大超过 SNMP(简单网络管理协议),因此被许多人认为是最能满足网络管理需要的网络管理协议。

但是 CMIP 也有明显的缺点,那就是它占用大量的网络资源,增加了管理成本。CMIP 可以说是一个大而全的协议,能够提供完整的网络管理方案所需的所有功能。CMIP 采用报告机制,具有许多特殊的能力,需要能力强的 CPU 和大容量的 RAM。CMIP 要求由网络管理者负责大部分的工作,从而减轻了终端用户的工作负担。由于 CMIP 涉及面较广、过于复杂、难于实现且费用较高,因此限制了它的应用,到目前为止,还没有真正符合 CMIP 的产品。但是,由于 CMIP 功能强大,而且是国际标准化组织制定的国际标准协议,所以其发展前景应该还是比较好的。

2. 简单网络管理协议(SNMP)

为了解决 CMIP 协议过于复杂、难于实现的问题,IETF(Internet Engineering Task Force)于 1988 年制定了简单网络管理协议(Simple Network Management Protocol, SNMP),它具有简单、易于实现和良好的可扩充性等优点,因而获得了广泛的支持,已成为事实上的工业标准。由于几乎所有的网络产品都在不同程度上支持 SNMP 协议,所以通过 SNMP 协议对网络进行管理是最合适的。使用 SNMP 协议可以对网络的运行状态进行监测和控制,使网络能够有效、可靠和安全地提供服务。

SNMP 实际上是指网络管理的一系列标准,包括协议、数据库结构定义和数据对象,它定义了网络管理站和管理代理之间的关系,提供了从网络设备收集网络管理信息的方法,还提供了向网络管理站报告故障和错误的途径。

7.2.3 网络管理软件

网络管理技术是伴随着计算机、网络和通信技术的发展而发展的。根据网络管理软件的发展历史,可以将网络管理软件划分为命令行方式、图形化界面和智能化的网络管理平台三代。

1. 网络管理平台

智能化的网络管理平台是由一些著名的计算机厂商提供的具有网络管理基本服务的软件,它可以为网络中的各类专用网络管理程序提供统一的标准应用程序接口,使不同的专用网络管理应用程序在网络管理平台的基础上集成为一个更高层次的统一网络管理系统。目前,比较常见的网络管理平台有:HP 公司的 HP Open View、SUN 公司的 Sun NetManager、IBM 公司的 NetView、NOVELL 公司的 Manage Wise 及华为的 Quidview 等。

HP Open View 是 HP 公司开发的一个网络管理平台,具有较强的网络性能分析能力,其通过图形用户接口进行警告配置,并实施故障警告。它适用于大多数厂家的硬件平台,并为工作站、服务器和 PC 提供了广泛的管理应用软件平台。HP Open View 的核心框架提供了基本应用的开放系统环境。通过应用程序接口来实现对公共管理服务的访问,充分利用了网络管理系统的开放性。它不仅是一个开放平台,还能向用户提供直接的管理应用。HP

公司将 Open View 网络管理平台的结构设计成开放的分布式体系结构,该结构源于 OSI 网络管理结构并支持 TCP/IP 网络。它定义了一个全面的服务和设施环境,将网络和系统管理问题分成通信下层结构、图形用户界面、管理应用、管理服务和管理对象。

图 7-1 为 HP Open View 启动主界面。启动 HP Open View 后,即可通过相应的图标和工具对网络中的设备进行管理。

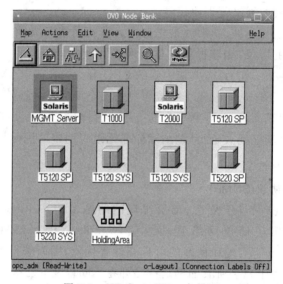

图 7-1   HP Open View 主界面

2. 网络管理工具

除了智能化的统一网络管理软件,各种操作系统本身都带有基本的网络测试工具,可以对网络的状态、流量及路由进行监视等,还有其他一些常使用的网络工具,下面分别作简单介绍。

(1) 网络监视器

网络就像高速公路一样,车子越多,行驶速度就会越缓慢。在网上进行信息传输时,通常系统将信息资料打包为一个个数据包(Packet 或 Frame,简称为"帧")来传输,因此,数据包的多少与打包质量,必将影响着网络的传输效率。

Windows Server 2003 上的"网络监视器",可以帮助网络管理员观察网络上的打包情况。通过它,不仅可以统计网络的使用效率,还可以显示网络上计算机与本台服务器之间数据包的传输量,观察广播数据包的数量以及使用的通信协议;通过网络监视器,还可以将获取的数据包传输信息保存起来,以便于观察数据包的传输记录,作为对网络问题进行分析或网络规划管理的重要依据。

(2) 流量监视工具

在众多影响网络性能的因素中,网络流量是最为重要的因素之一,它包含了用户利用网络进行活动的所有信息。通过对网络流量的监测分析,可以为网络的运行和维护提供重要信息,对于网络性能分析、异常监测、链路状态监测等发挥着重要作用。

Sniffer 软件是 NAI(Network Associates)公司推出的协议分析软件,同时具有发报的功能。它运行在微机上,利用微机的网卡,截获或发送网络数据,并作进一步分析。它可以应用于通信监视、流量分析、协议分析、故障管理、性能管理、安全管理等方面。Sniffer 的主要功能有捕获网络流量进行详细分析、诊断问题、实时监控网络活动以及收集网络信息。

在安装有 Sniffer 软件的系统中，单击“开始”按钮，然后执行“程序”→“Sniffer Pro”→“Sniffe”命令，即可启动监控工具 Sniffer Pro。在 Sniffer 软件界面中执行“File”→“Select Settings”命令，可弹出网卡选择窗口。选择完成后单击“确定”按钮回到主界面。在主界面的菜单栏中执行“Monitor”→“Matrix”命令，单击 IP 标签，再选择 Outline，可观察主机间流量，如图 7-2 所示。

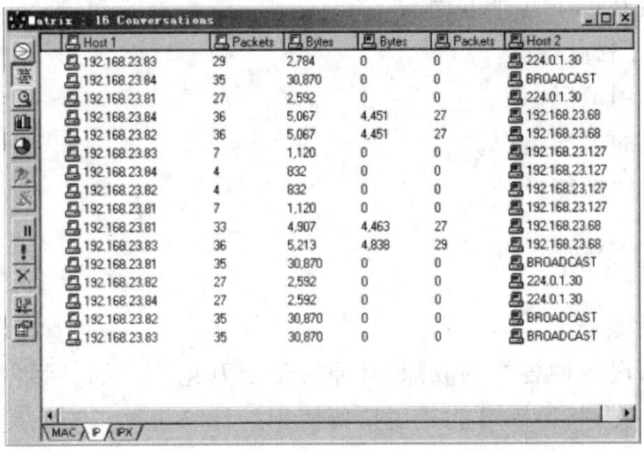

Host 1	Packets	Bytes	Bytes	Packets	Host 2
192.168.23.83	29	2,784	0	0	224.0.1.30
192.168.23.84	35	30,870	0	0	BROADCAST
192.168.23.81	27	2,592	0	0	224.0.1.30
192.168.23.84	36	5,067	4,451	27	192.168.23.68
192.168.23.82	36	5,067	4,451	27	192.168.23.68
192.168.23.83	7	1,120	0	0	192.168.23.127
192.168.23.84	4	832	0	0	192.168.23.127
192.168.23.82	4	832	0	0	192.168.23.127
192.168.23.81	7	1,120	0	0	192.168.23.127
192.168.23.81	33	4,907	4,463	27	192.168.23.68
192.168.23.83	36	5,213	4,838	29	192.168.23.68
192.168.23.81	35	30,870	0	0	BROADCAST
192.168.23.82	27	2,592	0	0	224.0.1.30
192.168.23.84	27	2,592	0	0	224.0.1.30
192.168.23.82	35	30,870	0	0	BROADCAST
192.168.23.83	35	30,870	0	0	BROADCAST

图 7-2　Sniffer 监控主机流量

(3) 路由监视工具

目前，图形化界面的路由监视工具还不太多。网络管理员大多还是使用命令工具来监视网络的路由，如 netstat 和 tracert 等。

① netstat

netstat 命令的功能是显示网络连接、路由表和网络接口信息，可以让用户得知目前正在运作的网络连接。

命令格式：

```
netstat [-a][-b][-e][-n][-o][-p poto][-r][-s][-v][interval]
```

各命令参数的意义可以在命令提示符状态下输入“netstat /?”进行查看。

② tracert

tracert 命令用来显示数据包到达目标主机所经过的路径，并显示到达每个结点的时间。其命令功能同 ping 类似，但它所获得的信息要比 ping 命令详细得多。它把数据包所经过的全部路径、结点的 IP 以及花费的时间都显示出来。该命令比较适用于大型网络。可以使用 tracert 命令来检查网络的连通性。

命令格式：

```
tracert [-d][-h maximum_hops][-j host-list][-w timeout] target_name
```

或

```
tracert hostname
```

其中，hostname 是计算机名或需跟踪其路径的计算机的 IP 地址。tracert 将返回数据包以显示到达的最终目的地和所经过的全部 IP 地址。

各命令参数的意义可以在命令提示符状态下输入"tracert /?"进行查看。

（4）性能监视器

性能监视器的主要功能是对 Windows Server 2003 用户或整个网络系统进行跟踪监视，对系统的关键数据进行实时记录，为单机或网络的故障排除和性能优化提供原始数据，以方便用户的管理。它既适用于单机，也适用于 Windows Server 2003 网络系统。性能监视器的功能主要表现在以下几个方面。

- 监视 CPU 的工作状况。
- 监视内存的使用情况。
- 监视磁盘系统的工作情况。
- 监视网络接口的性能。

7.2.4 网络故障诊断

1. 网络故障诊断概述

网络中可能会出现各种各样的故障，其原因千变万化。例如，网络中某个用户不能访问服务器上的共享文件夹，其原因可能是用户所使用的计算机网卡有问题或网线断了，用户的 TCP/IP 属性配置不正确，用户不具有访问该文件夹的权限，也可能是服务器本身的问题。因此，必须掌握适当的故障诊断方法。

2. 网络故障诊断的步骤

（1）研究网络问题的症状，收集与网络有关的错误信息。

（2）查找问题的起因。

（3）使用有关的诊断工具找出故障并排除故障。

3. 常见的网络故障诊断工具

1）硬件诊断工具

（1）测线器

每一位网络工程人员都不能缺少测线器（Cable Tester）。好的测线器将显示出线缆的问题以及 RJ-45 接头是否打好。如图 7-3 所示就是一款测线器。

图 7-3 中的测线器可以检测双绞线和 RJ-45 接头。该工具由两部分组成，分别连接网线的两端。如果是测试较短的线缆，比如一条跳线，那么可以直接把跳线两端接入主测线器中；如果是较长的线路，可将线路的两端接头分别插入两块测线器中。

（2）数字万用表

数字万用表也是网络故障诊断的常用工具。数字万用表一般可以用来检查电源插座是否输出正常电压，测试 PC 电源，测试同轴电缆接头处的终结器。另外，还可以利用万用表提供的温度测试功能来检查机箱内的温度是否

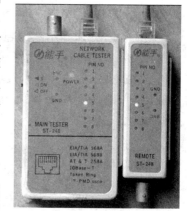

图 7-3 测线器

正常。如图 7-4 所示是一款数字万用表。

　　在使用万用表的过程中，要特别注意挡位和量程的选择。如果在测量电压时，错选了电流挡或电阻挡，可能会把万用表烧坏。

　　（3）网络测试仪

　　网络测试仪提供了实时的网络分析测试功能。它将网络管理、故障诊断以及网络安装调试等众多功能集中在一个仪器里，通过网桥、路由器轻易地观察整个网络的健康状况，甚至可以诊断出远端网络的问题。网络监测功能包括了网络实时状态统计、以太网碰撞分析、网络流量生成器、网络资源占用统计、地址矩阵列表等功能。这类仪器使用起来比较简单，利用它可以在 5 分钟之内解决 80％的网络问题。网络测试仪可给出丰富的网络信息而使用它几乎不需要培训。作为手持式的便携仪器，使用者可以携带它到问题的现场进行故障诊断。如图 7-5 所示是一款常用的网络测试仪。

图 7-4　数字万用表　　　　　　　　图 7-5　网络测试仪

　　2）软件工具

　　在 Windows 2000/2003 中，有一整套网络的故障诊断命令，这些命令都是在"命令提示符"状态下运行的。使用时，首先单击"开始"→"程序"→"附件"→"命令提示符"，然后在命令提示符下输入故障诊断命令，如图 7-6 所示。

图 7-6　执行 ping 命令

（1）ping

ping 命令用于诊断 TCP/IP 网络中两台计算机或计算机与网络设备之间的连通性。通过 ping 目标设备的 IP 地址，根据是否有响应或响应的速度，就可以判断这两个 IP 设备之间是否连通及连通的速度如何。ping 的用法如下。

- ping 回环地址：可以诊断本地计算机是否正确地安装和配置了 TCP/IP 协议。

```
ping 127.0.0.1
ping localhost
```

- ping 本地计算机 IP 地址：诊断本地计算机是否正确地添加到网络中。

```
ping 192.168.0.1（192.168.0.1 是本地计算机的 IP 地址）
```

- ping 其他计算机或网络设备的 IP：诊断本地计算机是否能与其他计算机或网络设备互相连通。

```
ping 202.103.180.226（202.103.180.226 为网络上另一台计算机的 IP 地址）
```

- ping 默认网关：诊断本地计算机能否与自己所在的子网相连通。

```
ping 192.168.1.1（192.168.1.1 为本地计算机所在子网的网关 IP 地址）
```

若连通，则会返回："Reply from 127.0.0.1:bytes＝32 time＜1ms TTL＝128"，如图 7-6 所示。from 后面是对方设备的 IP 地址。time 后面是两个设备的连通速度，该值越小越好。

若不能连通，则返回："Request timed out."，如图 7-7 所示。

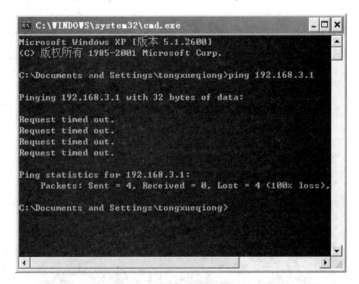

图 7-7　不通的返回结果

（2）ipconfig

ipconfig 命令用于查看、修改、更新本地计算机 TCP/IP 的配置，如图 7-8 所示。

ipconfig 命令的常用选项说明如下。

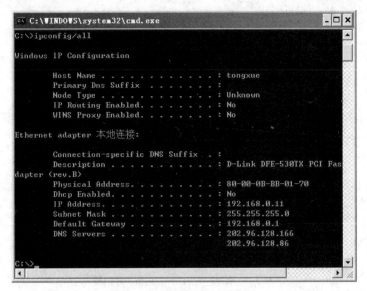

图 7-8　执行 ipconfig 命令

■ 使用 ipconfig/all 查看 TCP/IP 配置。

发现和解决 TCP/IP 网络的问题，可用于首先检查出现问题的计算机的 TCP/IP 配置。使用 ipconfig 命令能够获得该计算机的配置信息，包括 IP 地址、子网掩码和默认网关。

■ 使用 ipconfig/renew 刷新 TCP/IP 配置。

解决 TCP/IP 网络问题时，如果计算机启用 DHCP 并使用 DHCP 服务器获得配置，可使用该选项重新获得新的配置。

■ 使用 ipconfig/release 释放该计算机的当前 DHCP 配置。

■ 使用 ipconfig/flushdns 刷新和重置该计算机的 DNS 解析程序缓存的内容。

■ 使用 ipconfig/registerdns 手动启动计算机上配置的 DNS 名称和进行 IP 地址的动态注册。

7.3　任 务 实 施

任务 7.1 的实施：安装与配置 Windows Server 2003 网络监视器

网络监视器不会和 Windows Server 2003 一起安装，必须单独安装。Windows 会将网络监视器程序和网络监视器驱动程序一起安装。

第 1 步：单击"开始"→"控制面板"，双击"添加/删除 Windows 组件"，在"Windows 组件向导"对话框中，选中"管理和监视工具"复选框，如图 7-9 所示。单击"详细信息"按钮，打开"管理和监视工具"对话框，选中"网络监视工具"复选框，如图 7-10 所示。

第 2 步：单击"开始"→"程序"→"管理工具"→"网络监视器"命令，在启动网络监视器的同时会弹出"选择一个网络"对话框，如图 7-11 所示。

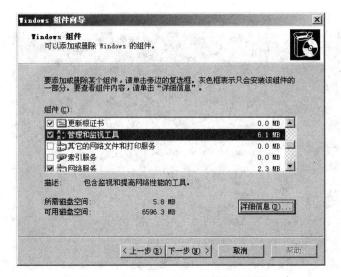

图 7-9 添加"Windows 组件"对话框

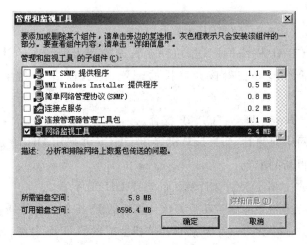

图 7-10 "管理和监视工具"对话框

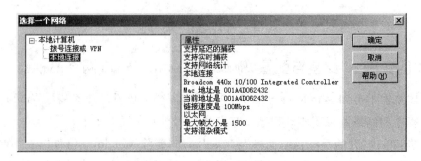

图 7-11 "选择一个网络"对话框

第 3 步：在"选择一个网络"对话框中选择要监视的网络，单击"确定"按钮，打开"Microsoft 网络监视器"窗口。

第 4 步：如需开始监视，单击工具栏中的"▶"按钮，如图 7-12 所示。

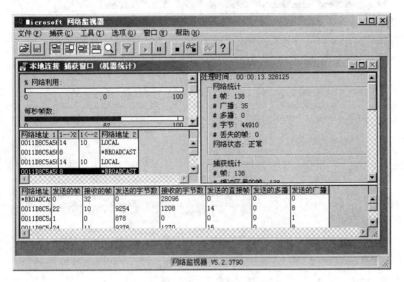

图 7-12　"Microsoft 网络监视器"窗口

- "网络利用"：是网络当前负载与最大理论负载量的比率。目前使用的局域网都是以太网，共享式以太网（采用集线器）的最大网络利用率大约在 50％。如果超过这个数值，网络就饱和了，网络速度会非常慢；交换式以太网（采用交换机）的最大利用率则可达 80％左右。
- "每秒帧数"是指被监视的网卡每秒发出和接收的帧数量，它可以作为评价网络性能的一个指标。
- "每秒广播"是指被监视的网卡发出和接收到的广播帧的数量。在正常情况下，每秒广播帧数比较少，主要视网络上的计算机数量而定。在发生广播风暴时，每秒广播帧数非常多，可高达 1000 帧以上。

第 5 步：此时网络监视器开始收集网络帧，并在图表窗口中以图表的形式显示网络活动信息。

任务 7.2 的实施：配置 Windows Server 2003 性能监视器

网络服务器自身的性能对整个网络的性能起着决定性的作用。Windows Server 2003 系统中提供了"性能监视器"，可对服务器的 CPU、内存、硬盘、网络等系统资源进行观察，可以比较其他服务器资源的运行情况，帮助网络管理员调整、规划网络服务器。

第 1 步：单击"开始"按钮，选择"控制面板"，再选择"管理工具"→"性能"命令，启动性能监视器，如图 7-13 所示。

第 2 步：单击图 7-13 中的"＋"按钮，添加监视的项目，如图 7-14 所示。

- "使用本地计算机计数器"：监视本地的计算机。
- "从计算机选择计数器"：监视网络上的其他计算机，若是网络上有多台计算机，可以

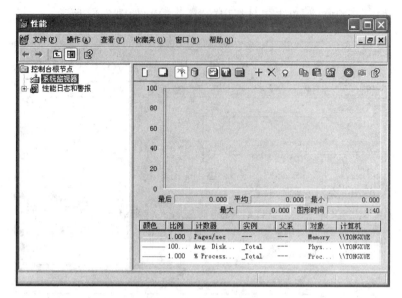

图 7-13　性能监视器

从下方的计算机名称列表中选择其中的一台计算机。

- "性能对象"：选择服务器中需要监视的对象，如 Processor(处理器对象)、Process(进程对象)、Memory(内存对象)、Print Queue(打印机队列对象)等。
- "所有计数器"：选择与该对象有关的所有的监视选项(计数器)。
- "所有实例"、"从列表选择实例"：某些监视对象有多个实例，如图 7-15 所示的 Process(进程)对象，有 agentsvr、CCenter、csrss、dns、explorer 等多个实例。这两个选项用于选择所有的实例或若干个实例。

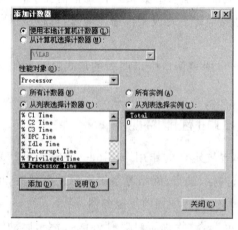

图 7-14　添加监视项目

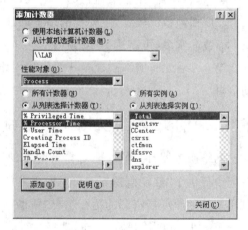

图 7-15　多实例性能对象

第 3 步：选择了监视项目后，就可进行监视了。如图 7-16 所示，可以直观地观察到所选各对象(监视项目)的工作情况。

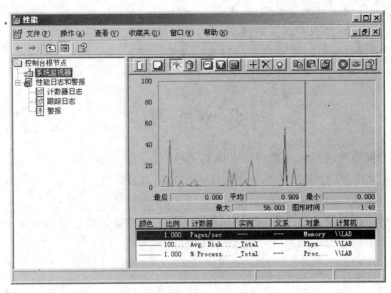

图 7-16　监视对象的工作情况

7.4　实　　训

实训 7.1　使用 Windows 平台 SNMP

实训目的：

通过查找资料，安装和配置 SNMP 协议，掌握使用 SNMP 协议管理网络的方法。

实训内容：

(1) SNMP 协议的安装。

(2) SNMP 协议的配置。

实训步骤：

(1) 安装 SNMP 服务。

(2) 配置并启用 SNMP 服务。

(3) 使 SNMP 实现网络管理。

实训 7.2　排除网络连接故障

实训目的：

掌握排除网络故障的一般流程。

实训内容：

(1) 网卡连接故障的排除。

(2) 网上邻居中看不到其他计算机的故障排除。

实训步骤：

(1) 根据网卡说明书，查看网卡指示灯是否工作正常。

（2）检查网线两端接触是否良好，水晶头是否损坏。

（3）查看 IP 地址是否在同一网段上。

（4）查看故障计算机与需要访问的计算机是否在同一工作组中。

（5）查看是否安装了网络客户端。

课 外 练 习

1. 什么是网络管理？网络管理的功能有哪些？

2. 简述 CMIP 和 SNMP 网络管理协议各自的优点和缺点。

3. 简述网络故障诊断的步骤。

4. 使用哪个网络诊断命令能够判断 IP 网络中两个设备是否连通以及响应速度如何？

5. 如何知道动态分配网络主机的 IP 信息？

网络安全基础知识

由于技术水平和社会各种因素的关系,计算机网络存在着物理安全威胁、软件缺陷、恶意代码及使用和管理上的缺陷等多种安全威胁,正是这些威胁给计算机网络造成了极大的损害。因此,计算机网络必须有足够强大的安全措施,以确保计算机网络及网络信息的安全。

本章主要内容

- 网络安全的重要性;
- 防火墙技术;
- 数据加密技术;
- 防病毒技术;
- 防黑客技术。

能力培养目标

培养学生掌握常用防火墙和杀毒软件的下载、安装及设置的能力。

8.1 任务导入与问题思考

【任务导入】

任务 8.1 安装与设置瑞星个人防火墙

要求使用瑞星杀毒光盘或网络下载、安装瑞星个人防火墙。

任务 8.2 安装与设置瑞星杀毒软件

要求使用瑞星杀毒光盘或网络下载、安装瑞星杀毒软件。

任务 8.3 用木马克星工具软件查杀木马

要求安装和使用木马克星查杀木马。

【问题与思考】

（1）什么是网络安全？
（2）什么是防火墙？
（3）数据加密有哪些方法？
（4）如何防范计算机病毒和黑客入侵？

8.2 知 识 点

8.2.1 网络安全的现状与重要性

在网络诞生之初，并没有像今天这样面临诸多的安全问题，因为那时的网络主要用于军事和科学研究领域。但是网络的飞速发展使得人们的工作和生活越来越离不开它，网络在社会工作和生活中的作用与地位越来越重要。于是，网络的安全问题便显现出来。例如"黑客"活动的日益猖獗、病毒的泛滥、Windows 的诸多漏洞、技术手段不完备等。

计算机网络存在的安全威胁主要包括以下几个方面。

- 物理威胁：指偷窃、火灾、水灾、停电等。
- 假冒：非法用户假冒合法用户身份获取系统敏感信息。
- 窃取：非法用户通过各种手段（如使用网络嗅探器 Sniffer）截获网络中的通信数据。
- 非授权访问：非法用户通过各种手段（如植入木马程序进行远程控制）访问其无权访问的系统或数据文件。
- 拒绝服务：非法用户通过各种手段（如拒绝服务、DOS 攻击）使合法用户的正当服务申请被拒绝、延迟或更改等。

计算机网络安全就是指保护网络系统的硬件、软件及其系统中的数据，不因偶然的或者恶意的原因而遭到破坏、更改、泄露，确保系统能连续、可靠、正常地运行，使网络服务不中断。从本质上讲，网络安全就是网络上信息的安全。

网络安全包括物理安全和逻辑安全。物理安全是指网络系统中的通信设备、计算机设备及相关设施的物理保护，包括场地环境保护、防盗措施、防火措施、防雷击措施、防水措施、防静电措施、电源保护、空调设备、计算机及网络设备的辐射等。逻辑安全是指网络中信息的保密性、完整性、可用性和可控性。其中，保密性是指防止信息泄露给非授权个人或实体，信息只供授权用户使用；完整性是指数据未经授权不能进行改变，信息在存储或传输过程中保证不被修改、不被破坏和丢失的特性；可用性是指被授权实体访问并按需求使用的特性，即网络信息服务在需要时，允许授权用户或实体使用的特性，或者是网络部分受损或需要降级使用时，仍能为授权用户提供有效服务的特性；可控性是指对信息的传播及信息的内容所具有的控制能力。

目前，常用的网络安全技术包括防火墙技术、数据加密技术、病毒防范技术和防黑客技术等。

8.2.2 防火墙技术

互联网虽然为人们提供了广泛的信息资源共享环境，但同时也带来了信息被破坏等不安全因素,防火墙(Firewall)的创建就是为了保护互联网中信息资源的安全。防火墙的名字来源于古时候人们在自己住的地方砌起的一道防御火灾的砖墙。与防御火灾的砖墙作用一样,防火墙是网络安全的第一道屏障,也是最先受到人们重视的安全产品之一。防火墙可以看做内部网络(被保护网络)和外部网络(如互联网)间的有效隔离,如图 8-1 所示。

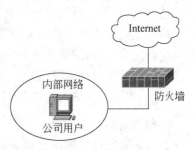

图 8-1　防火墙

1. 防火墙的定义和功能

防火墙的定义有很多,概括起来就是设置在被保护网络(内联子网和局域网)与公共网络(如 Internet)或其他网络之间,并位于被保护网络边界的、对进出被保护网络的信息实施访问控制策略("通过/阻断/丢弃")的软硬件或部件集。可见,被保护网络和外部网络(如 Internet)之间的所有数据流都必须经过防火墙,而且只有符合访问控制策略要求(如"通过")的数据流才能通过防火墙。

防火墙其实就是一个保护设施,防止非法入侵,其主要功能有以下三个方面。

- 防火墙过滤进出网络的数据,禁止某些信息或未授权的用户访问受保护的网络,过滤不安全的服务和非法用户,如 Finget、NFS 等,并限制某些用户或非法使用严格控制的站点的信息。
- 防火墙可以允许被保护网络的一部分主机被外部网访问,而另一个部分被保护起来,例如,被保护网络中的 Mail、FTP、WWW 服务器等可被外部网访问,而外部网对其他服务器的访问则被禁止。
- 防火墙可以记录进出网络的信息和活动,并提供审计功能。

利用防火墙还可以对被保护网络内部再进行划分,实现重点网段的隔离,限制安全问题的扩散。

2. 防火墙产品的发展

防火墙产品的发展可以划分为四个阶段。

第一代防火墙——基于路由器的防火墙:如图 8-2 所示,其实就是在路由器上实现包过滤防火墙功能,即以访问控制列表方式实现分组过滤,过滤的依据是 IP 地址、端口号等网络特征。

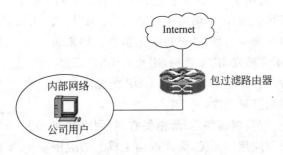

图 8-2　包过滤防火墙

第二代防火墙——用户化的防火墙工具软件:将过滤功能从路由器中独立出来,并加上审计和报警功能,同时针对用户需求提供模块化的软件包。

第三代防火墙——建立在操作系统上的防火墙：包括分组过滤或借用路由器的分组过滤功能，可以监控所有协议的数据。

第四代防火墙——具有安全操作系统的防火墙：防火墙厂商拥有操作系统的源代码，并可实现安全内核；对安全内核实现加固处理，即去掉不必要的系统特性，强化安全保护；在功能上包括分组过滤、代理服务、加密与鉴别以及计算机病毒防护检测等。

目前，市场上的防火墙产品大部分都是具有安全操作系统的软硬件结合的防火墙。

3. 防火墙的区域划分

通过防火墙可以把网络划分为三个区域：内部网络、外部网络（如 Internet）和非军事区（De Militarized Zone，DMZ），如图 8-3 所示。其中，DMZ 并非是一个可靠的网络区域，它提供一个与内部网络分开的区域，可供人们（如企业员工、商业合作伙伴等）通过 Internet 访问它。DMZ 是非保护的网络区域，通常用网络访问控制来划定，一般设定的访问规则是允许外部用户访问 DMZ 中的相应服务。一般在 DMZ 中放置邮件系统、Web 服务器、外部 DNS 以及其他外部可访问的应用系统。

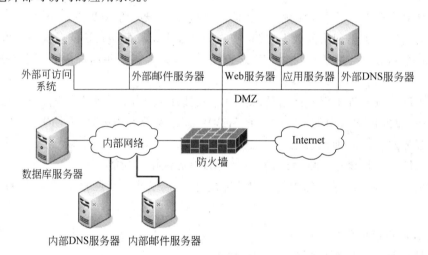

图 8-3　防火墙区域划分

4. 防火墙的实现技术

防火墙的实现技术有很多，主要有包过滤、状态检测、应用级网关（代理服务器）等。

包过滤（Packet Filtering）防火墙属于网络层（即 IP 层）防火墙，如图 8-4 所示，它截获每一个通过它的 IP 包的报头信息，并进行安全检查。如果通过检查，就将该 IP 包正常转发出去；否则，阻止该 IP 包通过。它利用 TCP/IP 协议的 IP 地址和 TCP 或 UDP 的源端口与目的端口等信息，实现包过滤功能。

包过滤防火墙的优点是逻辑简单、价格便宜、对网络性能影响小，而且它的工作与应用层无关，无须改动主机上的应用程序，对用户是透明的，但是配置基于包过滤方式的防火墙，需要对 IP、TCP、UDP、ICMP 等各种协议有深入的了解，否则容易出现因配置不当带来的安全问题。包过滤防火墙在进行

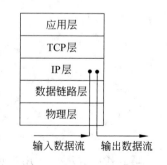

图 8-4　包过滤防火墙示意图

数据包过滤时只判断网络层和传输层的有限信息,对于应用层出现的安全问题无能为力,而且因数据包的地址及端口号都在数据包的头部,所以不能彻底防止 IP 地址欺骗。此外,这种防火墙允许外部客户和内部主机的直接连接,不提供用户的鉴别机制。

状态检测防火墙就是在包过滤防火墙的基础上,加入状态记录和检测。这个状态是针对传输层中的 TCP 连接而言的。这种防火墙会记录当前 TCP 连接处于"三次握手"的哪个阶段,从而判断后续的相关 TCP 数据包是否合法,是否能通过防火墙。如从内网某主机 A 向外网某主机 B 首先发起 TCP 连接,那么 A 要发送 SYN 请求数据包,通过防火墙到达 B (防火墙会记录该次 TCP 连接,同时记录连接状态是 SYN)。若 B 同意此次连接,会发送一个 SYN＋ACK 的响应数据包通过防火墙,这时防火墙会查找相应连接,根据之前记录的连接状态 SYN 判断这个 SYN＋ACK 的数据包是不是 SYN 的响应,若是则通过,否则阻断。

如图 8-5 所示,应用级网关是指在网关上执行的一些特定的应用程序或服务器程序,它们分别代表两个端系统的应用服务,这些程序统称为代理(Proxy)程序。因此,应用层网关又称为代理防火墙,属应用级防火墙。这类防火墙的特点是安全隔离网络流量,用户通过对每种应用程序安装专门的代理程序,实时监控和控制应用层的数据流量。这种防火墙既可位于内部网络的边界处,也可位于内部网络中(这时的防火墙必须配置有关应用代理服务,而且内部网必须通过应用代理服务才能与外部网络连接)。

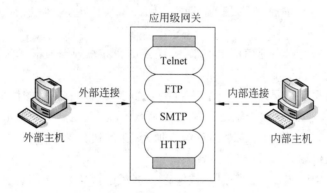

图 8-5　应用级网关示意图

应用级网关能彻底隔断内网与外网的直接通信,内网用户对外网的访问转交由防火墙对外网的访问,同样的外网用户对内网的访问也转交由防火墙对内网的访问,任何时候都不允许内、外网主机直接连接。

应用级网关的优点除了检测网络层和传输层协议的特征以外,还能检查应用层协议的特征,因此它可以提供比包过滤更详细的日志记录。如在一个 HTTP 连接中,包过滤只能记录单个的数据包,无法记录文件名、URL 等信息,而应用级网关能把这些信息都记录下来。

应用级网关的缺点是其速度比包过滤防火墙慢,而且对用户不透明(用户需要为每种应用安装相应的代理程序),给用户的使用带来不便。

8.2.3　数据加密技术

作为一项基本的网络安全技术,数据加密是所有通信安全的基石,也是网络安全最有效的技术之一。一个加密网络,不但可以防止非授权用户的搭线窃听和入网,而且也是对付恶意软件的有效方法之一。

数据加密过程是由各种各样的密码算法来实现的,它以很小的代价实现很高的安全保护。根据密钥的不同,密码算法分为对称密码算法和非对称密码算法(也称为公钥密码算法或公钥算法)。

对称密码算法是指加密一方和解密一方所用的密钥是一样的。常用的对称密码算法有DES、3DES、AES、RC4、RC5等。在这些对称密码算法中,应用最广泛的是 DES 算法。对称密码算法的最大优点就是加密速度快,所以一般用于加密数据量较大的场合。但是由于加、解密双方的密钥一样,所以密钥必须通过安全的途径传送,其密钥管理成为系统安全的重要因素。

非对称密码算法是指加密一方和解密一方所用的密钥是不同的,而且几乎不可能从加密密钥推导出解密密钥。常用的非对称密码算法有 RSA、背包密码、Diffe Hellman、Rabin、椭圆曲线等。在这些非对称密码算法中应用最广泛的是 RSA,它能抵抗到目前为止已知的所有密码攻击。非对称密码算法的最大优点就是加密强度大,密钥管理较为简单,可以方便地实现数字签名,但是其算法复杂,加、解密数据的传输速度较低。

在实际应用中,人们通常将对称密码算法和非对称密码算法结合在一起使用。如利用 DES 或者 AES 来加密数据信息,而采用 RSA 来传递加、解密这些数据信息所用的密钥。

一般的数据加密可以在通信的链路加密、结点加密和端到端加密三个层次中实现。

■ 链路加密

链路加密在数据链路层进行,并对相邻结点之间和链路上传输的所有数据进行加密。对于链路加密,所有消息在被传输之前进行加密,在每一个结点处对接收到的消息进行解密,然后先使用下一个链路的密钥对消息进行加密,在到达目的地之前,一条消息可能要经过多个通信链路的传输。

由于在每一个中间传输结点消息均被解密后重新进行加密,使用包括路由信息在内的链路上所有数据均被加密,这样,链路加密就掩盖了被传输消息的源点与终点。

■ 结点加密

结点加密在操作方式上与链路加密是类似的,两者均在通信链路上为传输的数据提供安全性,都在中间结点先对数据进行解密,然后进行加密。因为要对所有传输的数据进行加密,所以加密过程对用户是透明的。

与链路加密不同的是,结点加密要求报头和路由数据以明文形式传输,以便中间结点知道如何处理这些数据。

■ 端到端加密

端到端加密允许数据从源点到终点的传输过程中始终以密文形式存在,传输的加密数据在到达终点之前不进行解密。因为数据在整个传输过程中均受到保护,所以即使有结点被破坏也不会使数据泄露。

端到端加密系统通常不允许对数据包的目的地址进行加密,因为消息经过每一个结点都要用此地址来确定如何传输消息(即路由选择)。

8.2.4　防病毒技术

1. 计算机病毒的定义

计算机病毒(Computer Virus, CV)是一种程序,是一段可执行代码。与一般程序不同的是,计算机病毒能将自身代码传染(附加)到其他程序之上,并能在一定的条件下运行这些代码,对计算机系统进行各种破坏,影响系统正常运行。在《中华人民共和国计算机信息系统安全保护条例》中对计算机病毒有明确定义:计算机病毒,是指编制或者在计算机程序中插入的破坏计算机功能或者毁坏数据,影响计算机使用,并能自我复制的一组计算机指令或者程序代码。

计算机病毒的概念早在 20 世纪 70 年代就出现在科幻小说之中。1977 年夏天,美国作家 Thomas J. Byan 撰写了一本名为《The Adolescence of P-1》的科幻小说,作者在该作品中幻想了一个十分聪明的计算机病毒,它能传播自己并能控制一台计算机的运行。而后,在 1983 年 11 月的计算机安全学术讨论会议上,美国学者科恩第一次明确提出计算机病毒的概念,并获准在 VAX11/750 计算机系统上进行实验演示,证实了计算机病毒的存在。此后的几年时间内,一些对计算机操作系统有深入了解的人出于各种目的——有的为了显示自己高超的编程技术,有的为了惩罚计算机软件的非法复制,有的为了窃取某一计算机系统中的数据,编写了各种各样的计算机病毒程序。发展到今天,这种程序有上万种,而且几乎每天都有新病毒出现。

2. 计算机病毒的特性

尽管计算机病毒的种类很多。但是,作为一类破坏性的程序,它们同样都具有传染性、破坏性、隐藏性、寄生性及潜伏性等特性。

传染性是计算机病毒的基本特征。计算机病毒可以通过各种途径从被感染的计算机扩散到未被感染的计算机中。

计算机病毒扩散的主要途径有以下几种。

(1) 通过系统漏洞传播。如生物界的病毒一样,计算机病毒能通过系统漏洞乘虚而入。Nimda(尼姆达)病毒就是利用微软 IIS 的 Unicode 漏洞由邮件进行传播的,而 SQL Slammer 病毒则是利用 SQL 数据库的漏洞来进行传播的。

(2) 通过移动存储介质(软盘、光盘、U 盘)传播。移动存储介质是人们传输文件的载体,如当一台计算机中感染了某种病毒时,在该计算机上使用过的 U 盘可能也会被这种病毒传染,若在另一台计算机中使用了该 U 盘,则 U 盘上的病毒可能会传染给这台计算机。

(3) 通过网络传播。目前网络是病毒传播的最快途径,如许多电子邮件的正文或附件就带有病毒,许多下载软件或 Word 文档中也含有病毒。如果计算机下载了带病毒的邮件、软件或 Word 文档,就会被感染。此外,许多病毒编写者利用 Java Applets 和 ActiveX 控件编写网页病毒程序,一旦浏览该网页,病毒便被植入计算机中。

(4) 通过无线介质传播。当前无线通信的迅速发展也为一些新型病毒的传播带来新途径,如手机病毒可以通过收发短消息进行传播,使手机无法接听来电,甚至硬件失灵。

大多数计算机病毒在发作时都具有不同程度的破坏性,有的干扰计算机系统的正常工作(如在屏幕上显示一个来回跳动的小球,干扰屏幕的正常显示),有的占用系统资源(如不断地复制自身,使文件长度加长,从而占用大量的磁盘空间),有的则修改和删除磁盘数据或文件内容。

计算机病毒的隐藏性表现在两个方面。一是传染的隐藏性,大多数病毒在进行传染时速度极快,一般不具有外部表现,不易被人发现。二是病毒程序存在的隐藏性,一般的病毒程序都夹在正常程序之中,很难被发现,而一旦发作,往往已经给计算机系统造成了不同程度的破坏。

病毒程序嵌入到计算机的某程序中,依赖于这个程序的执行而生存,这就是计算机病毒的寄生性。病毒程序在侵入到计算机的某程序后,一般会对这个程序进行一定的修改,使这个程序一旦执行,病毒程序就被激活,从而可以进行自我复制和繁衍。

病毒侵入计算机后,一般不会立即进行干扰和破坏活动,而会潜伏在计算机中。不同的病毒,其潜伏期的长短也不同,有的是几个星期,有的是几年。在潜伏期中,只要条件允许,病毒程序就会不断地进行自我复制、自我繁衍,并进行传播。

3. 计算机病毒的防治

Internet 的飞速发展为计算机之间的信息共享提供了极其便利的条件,但同时也为计算机病毒的传播提供了极其有利的条件。计算机病毒通过网络连接、软件与数据下载操作,从一个系统传播到另一个系统,从一个网络传播到另一个网络,传播的速度之快、范围之广使人们难以想象。对付病毒最理想的方法是预防,即一开始就不让病毒进入系统,但在实际使用中很难实现。一般来说,可以采取以下方法防治计算机病毒。

(1)要积极预防计算机病毒。计算机病毒的传播一般以磁盘或文件为媒介,使用一个带毒的软盘或硬盘启动系统,或在系统中运行一个带毒的程序,都会使计算机感染病毒。在这种状态下,所使用的任何磁盘和文件都有可能感染上病毒。因此,对于重要的系统盘、数据盘以及硬盘上的重要信息要经常备份,以使系统或数据遭到破坏后能及时得到恢复;不要使用来历不明的程序或软件,也不要使用非法复制或解密的软件;对于外来软件要进行病毒的检测,在确认无毒的情况下方可使用。

此外,为了阻止计算机病毒的侵入,必须采取一定的防御技术,所谓防御技术就是安装反病毒软件。许多计算机反病毒软件在安装以后能实时监视系统的各种异常情况(如文件被非法改写)并能及时报警,以防止病毒的入侵。

(2)要尽早察觉计算机病毒。尽管采取各种各样的预防措施,往往还是会因为操作不慎使计算机病毒乘虚而入。对于一个已经被计算机病毒侵入的系统来说,应尽早地察觉病毒的存在,以便能及时清除病毒,这样才能尽可能地减少病毒造成的损失。

那么如何才能尽早察觉计算机病毒的存在呢? 一般情况下,不论是何种病毒,一旦侵入系统,都或多或少、或隐或现地给系统带来一些不正常的现象,根据这些现象,可以及早发现病毒。根据经验判断,出现以下不正常现象,有可能是计算机病毒所致。

① 屏幕上的异常现象:如屏幕上出现莫名其妙的提示信息,特殊字符、闪亮的光斑、异常画面等。

② 系统运行出现异常现象:如在进行磁盘文件读写时速度变慢或系统设备无故不能使用,或系统不认 C 盘,或系统在运行时莫名其妙地出现死机现象,或原来能正常执行的程序在执行时出现异常或死机。

③ 磁盘及磁盘驱动器的异常现象:如磁盘上莫名其妙地出现坏的扇区,或硬盘上原有的一些程序或数据莫名其妙地被删除或修改,或在进行其他操作时系统无故地读写磁盘,或

磁盘文件的长度无故变长。

④ 打印机的异常现象：打印机速度变慢或打印异常字符。

出现上面所列的各种现象,应及时关机,然后用一个确认没有病毒的系统盘重新引导系统,使系统在无毒的情况下运行杀毒软件,来检测和消除病毒。

(3) 要及时检测和消除计算机病毒。如果发现系统感染了病毒,就要及时地检测和消除。检测和消除计算机病毒一般有两种方法,一种是利用杀毒软件进行查杀,另一种是人工进行查杀。

常用的杀毒软件有金山毒霸、江民、瑞星、Norton 等,这些杀毒软件的使用都比较简单,软件升级便捷,能做到对新病毒的 24 小时及时反应,适合所有计算机用户。但是,任何一个杀毒软件都不可能检测和消除新出现的病毒。因此,在出现新的病毒而没有现成的杀毒软件的情况下,计算机专业人员只能通过使用 Soft-ICE、DEBUG、Norton 等工具软件在分析、掌握病毒特点的基础上,对带毒的磁盘或文件进行查杀。这种方法需要操作人员有一定的软件分析经验并对操作系统有较深入的了解,仅适合于计算机专业技术人员在病毒侵入范围较小的情况下使用。

8.2.5　防黑客技术

互联网由于覆盖的地域广、网络用户多、资源共享程度高,因此所面临的威胁和攻击是错综复杂的。网络入侵者不但会想办法窃取、篡改网络服务器的机密信息,还可能会对网络中的设备进行攻击,使网络设备瘫痪,使服务器停止正常的工作,而人们通常认为这都是黑客所为。

黑客(Hacker)是那些检查网络及系统完整性和安全性的人,他们通常非常精通计算机硬件和软件知识,并有能力通过创新的方法剖析系统。"黑客"通常会去寻找网络中的漏洞,但是往往并不去破坏计算机系统。正是因为黑客的存在,人们才会不断了解计算机系统中存在的安全漏洞问题。入侵者(Cracker)是那些利用网络漏洞破坏网络的人,他们往往会通过计算机系统漏洞来入侵,他们也具备了广泛的计算机知识,但与黑客不同的是他们以破坏为目的。

真正的黑客应该是一个负责任的人,他们认为破坏计算机系统是不正当的。但是现在 Hacker 和 Cracker 已经混为一谈,人们通常将入侵计算机系统的人统称为黑客。下面提到的黑客都是指入侵计算机系统的人。

1. 常见黑客技术

通过对黑客入侵手法的分析,可以知道如何防止自己被"黑"并解决被入侵问题。下面对常见的黑客攻击手段进行简单介绍,以做到知己知彼,有效达到"防黑"的目的。

(1) 驱动攻击

当有些表面看来无害的数据被邮寄或复制到 Internet 主机上并被执行时,就会发生数据驱动攻击。例如,一种数据驱动的攻击可以造成一台主机上与安全相关的文件被修改,从而使入侵者下一次更容易入侵该系统。

(2) 系统漏洞攻击

UNIX 系统是公认最安全、最稳定的操作系统之一,不过它也像其他软件一样有漏洞,一样会受到攻击。UNIX 操作系统可执行文件的目录,如/bin/who 可由所有的用户进行访问,攻击者可以从可执行文件中得到其版本号,从而得知它会具有什么样的漏洞,然后针对这些漏洞发动攻击。

（3）信息攻击法

攻击者通过发送伪造的路由信息,构造源主机和目标主机的虚假路径,从而使流向目标主机的数据包均经过攻击者的主机,这样就给攻击者提供了敏感的信息和有用的密码。

（4）信息协议的弱点攻击法

IP 源路径选项允许 IP 数据包自己选择一条通往目的主机的路径。设想攻击者试图与防火墙后面的一个不可到达主机 A 连接,他只需要在送出的请求报文中设置 IP 源路径选项,使该报文有一个目的地址指向防火墙,而最终抵达主机 A。当报文到达防火墙时被允许通过,因为它指向防火墙而不是主机 A。防火墙的 IP 层处理该报文的源路径域,并发送到内部网上,报文就这样到达了主机 A。

（5）系统管理员失误攻击法

网络安全的重要因素之一就是人,因而人为的失误,如 WWW 服务器系统的配置出错使普通用户使用权限扩大等,就给黑客造成了可乘之机。黑客常利用系统管理员的失误,使攻击得到成功。

2. 防范黑客入侵的措施

（1）选用安全口令

用户在设置口令时应该含有大小写字母、数字,有控制符更好;不要用 admin、生日、电话号码之类的便于猜测的字符组作为口令。另外,要管好这些口令,不要把口令记录在非管理人员能接触的地方。

（2）实施存取控制

存取控制规定何种用户对某种事件具有何种操作权力。存取控制是内部网络安全管理的重要方面,它包括人员权限、数据标识、权限控制、控制类型、风险分析等内容。管理人员应妥善管理用户权限,在不影响用户工作的情况下,尽量减小用户对服务器的权限,以免一般用户越权操作。

（3）确保数据安全

最好通过加密算法对数据处理过程进行加密,并采用数字签名及认证来确保数据的安全。

（4）谨慎开放缺乏安全保障的应用和端口

开放的服务越多,系统被攻击的风险就越大,应以尽量少的服务来满足最大的功能要求。

（5）定期分析系统日志

一般黑客在攻击系统之前都会进行扫描,管理人员可以通过记录中的先兆来进行预测,做好应对准备。

（6）不断完善服务器系统的安全性能

很多服务器系统都被发现有不少漏洞,服务商会不断在网上发布系统的补丁。为了保证系统的安全性,应随时关注这些信息,及时完善自己的系统。

（7）进行动态站点监控

应及时发现网络遭受攻击情况并加以最终防范,避免对网络造成更大的损失。

（8）用安全管理软件测试自己的站点

测试网络安全最好的方法是自己定期地尝试进攻自己的系统，最好能在入侵者发现安全漏洞之前自己先发现。

（9）做好数据的备份工作

这是非常关键的一个步骤，有了完整的数据备份，当遇到工具或系统出现故障时才可能迅速地恢复系统。

（10）使用防火墙

防火墙正成为网络访问控制的主流防护方法。事实上，在 Internet 上的 Web 网站中，超过三分之一的 Web 网站都是由某种形式的防火墙加以保护的，这是对黑客防范最严密、安全性较高的一种方式。建议将任何关键性的服务器都放在防火墙之后，使得任何对关键服务器的访问必须通过防火墙，这虽然降低了服务器的交互能力，但保证了安全。

8.3　任 务 实 施

任务 8.1 的实施：安装与设置瑞星个人防火墙

目前防火墙产品有很多种，主要分为硬件防火墙和软件防火墙。硬件防火墙直接安装在内网和外网之间，成为网络的一部分；软件防火墙安装在被保护的主机上。

软件防火墙有很多，主流的有瑞星个人防火墙、天网防火墙、金山网镖、诺顿及 360 等。现在以瑞星个人防火墙 2010 为例，讲述如何安装及设置防火墙。

1. 安装瑞星个人防火墙

第 1 步：启动计算机并进入 Windows（95/98/Me/NT/2000/XP/2003/Vista）系统，关闭其他应用程序。

第 2 步：将瑞星杀毒软件光盘放入光驱，系统会自动显示安装界面，选择“安装瑞星个人防火墙”。如果没有自动显示安装界面，则可以浏览光盘，运行光盘根目录下的 Autorun
.exe 程序，然后在显示的安装界面中选择“安装瑞星个人防火墙”。

第 3 步：安装程序显示语言选择框，选择用户需要安装的语言版本，单击“确定”按钮，如图 8-6 所示。

第 4 步：进入安装欢迎界面，再单击“下一步”按钮，如图 8-7 所示。

第 5 步：阅读“最终用户许可协议”，选择“我接受”，如图 8-8 所示，单击“下一步”按钮继续。如果选择“我不接受”，则退出安装程序。

第 6 步：在验证产品序列号和用户 ID 窗口中，如图 8-9 所示，正确输入产品序列号和用户 ID，单击“下一步”按钮继续。此时，如果输入错误，将不能继续安装，直至填写正确，才能进行下一步操作。

图 8-6　选择安装语言

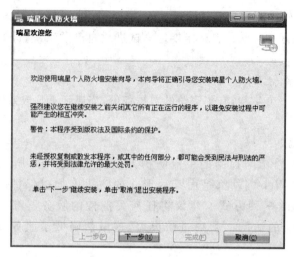

图 8-7　瑞星个人防火墙安装向导

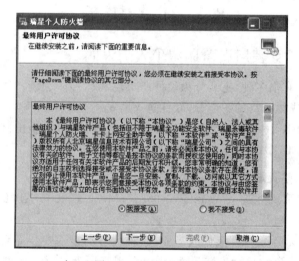

图 8-8　用户许可协议

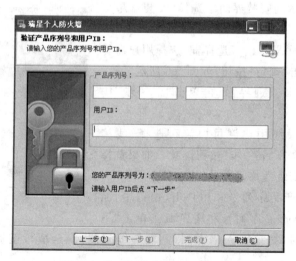

图 8-9　输入产品序列号和用户 ID

第 7 步：在定制安装窗口中，选择需要安装的组件。可以在下拉菜单中选择"全部安装"或"最小安装"（全部安装表示将安装瑞星个人防火墙的全部组件和工具程序；最小安装表示仅选择安装瑞星个人防火墙必需的组件，不包括更多工具程序），也可以在列表中选择需要安装的组件。单击"下一步"按钮继续安装，也可以直接单击"完成"按钮，按照默认方式进行安装，如图 8-10 所示。

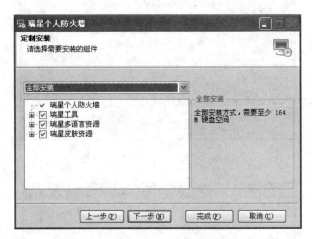

图 8-10　选择安装组件

第 8 步：在选择目标文件夹窗口中，如图 8-11 所示，指定瑞星个人防火墙的安装目录，单击"下一步"按钮。

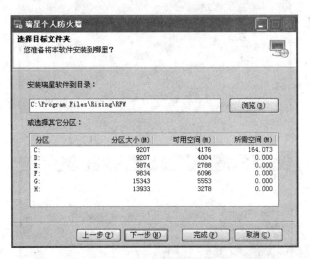

图 8-11　选择安装文件夹

第 9 步：在选择开始菜单文件夹窗口中可以修改软件启动菜单文件夹的名称，再单击"下一步"按钮继续安装，如图 8-12 所示。

第 10 步：在安装信息窗口中，显示了安装路径和组件列表。确认后单击"下一步"按钮开始安装瑞星个人防火墙，如图 8-13 所示。

第 11 步：在结束窗口中，可以选择"运行设置向导"、"运行注册向导"和"运行瑞星个人防火墙主程序"来启动相应程序，如图 8-14 所示，最后单击"完成"按钮结束安装。

图 8-12　选择开始菜单文件夹

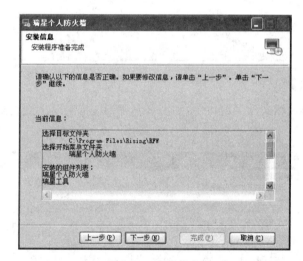

图 8-13　安装信息

图 8-14　安装完成

2. 设置瑞星个人防火墙

第 1 步：设置是否加入"云安全"(Cloud Security)计划。

"加入瑞星'云安全'(Cloud Security)计划"可以在防火墙的"设置"菜单里进行设置，如图 8-15 所示。

图 8-15　加入"云安全"计划

第 2 步：设置可信区 IP 地址及网关 MAC 地址。

在设置向导页面中，用户可以设置可信区的 IP 地址、网关 MAC 地址，以便防火墙更好地发挥作用，如图 8-16 所示。

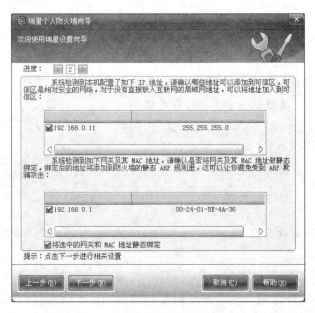

图 8-16　设置可信区和网关地址

第 3 步：系统安全环境检查。

在设置向导页面中，防火墙将对系统环境进行安全检查，以确保系统正常运行，如图 8-17 所示。

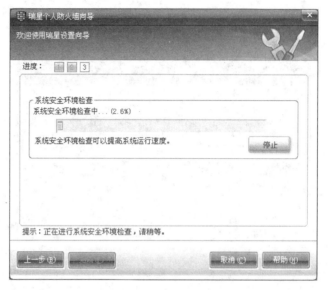

图 8-17　安全环境检查

任务 8.2 的实施：　安装与设置瑞星杀毒软件

瑞星杀毒软件 2010 是瑞星公司出版的较新的杀毒软件。它可以实时进行计算机病毒的查杀，实时监控计算机文件和邮件等，具有智能的启发式检测技术和"云安全"技术。

1. 安装瑞星杀毒软件 2010

第 1 步：启动计算机并进入 Windows(95/98/Me/NT/2000/XP/2003/Vista)系统，关闭其他应用程序。

第 2 步：将瑞星杀毒软件光盘放入光驱，系统会自动显示安装界面，选择"安装瑞星杀毒软件"。如果没有自动显示安装界面，则可以浏览光盘，运行光盘根目录下的 Autorun. exe 程序，然后在显示的安装界面中选择"安装瑞星杀毒软件"。

第 3 步：安装程序显示语言选择框，选择用户需要安装的语言版本，单击"确定"按钮，如图 8-18 所示。

第 4 步：进入安装欢迎界面，单击"下一步"按钮继续，如图 8-19 所示。

第 5 步：阅读"最终用户许可协议"，选择"我接受"，如图 8-20 所示，单击"下一步"按钮继续。如果选择"我不接受"，则退出安装程序。

图 8-18　选择安装语言

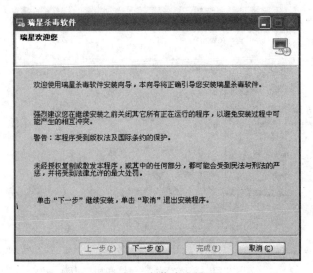

图 8-19　安装欢迎界面

图 8-20　用户许可协议

第 6 步：在验证产品序列号和用户 ID 窗口中，如图 8-21 所示，正确输入产品序列号和用户 ID，单击"下一步"按钮继续。此时，如果输入错误，将不能继续安装，直至填写正确，才能进行下一步操作。

第 7 步：在定制安装窗口中，选择需要安装的组件。可以在下拉菜单中选择"全部安装"或"最小安装"（全部安装表示将安装瑞星杀毒软件的全部组件和工具等；最小安装表示仅选择安装瑞星杀毒软件必需的组件，不包含各种工具等），也可以在列表中选择需要安装的组件。单击"下一步"按钮继续安装，也可以直接单击"完成"按钮，按照默认方式进行安装，如图 8-22 所示。

第 8 步：在选择目标文件夹窗口中，如图 8-23 所示，指定瑞星杀毒软件的安装目录，单击"下一步"按钮继续安装。

图 8-21　输入产品序列号和用户 ID

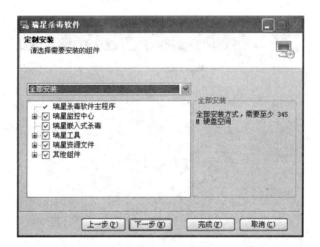

图 8-22　定制安装

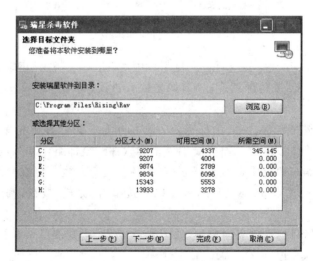

图 8-23　选择目标文件夹

第 9 步：在选择开始菜单文件夹窗口中可修改软件启动菜单的名称，修改后单击"下一步"按钮继续安装，如图 8-24 所示。

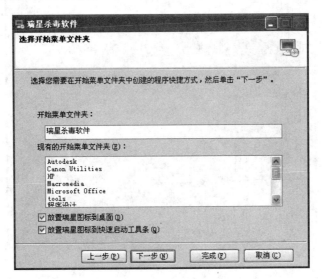

图 8-24　选择开始菜单文件夹

第 10 步：在安装信息窗口中，如图 8-25 所示，显示了安装路径和组件列表，确认后单击"下一步"按钮开始安装瑞星杀毒软件。

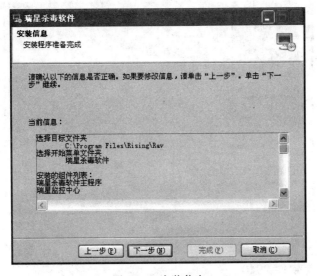

图 8-25　安装信息

第 11 步：安装完成后，系统提示为了更新文件将在安装结束后重新启动计算机，如图 8-26 所示。

第 12 步：重启计算机后，在结束窗口中，可以选中"运行设置向导"、"运行注册向导"和"运行瑞星杀毒软件主程序"三项来启动相应程序，如图 8-27 所示。最后单击"完成"按钮结束安装。

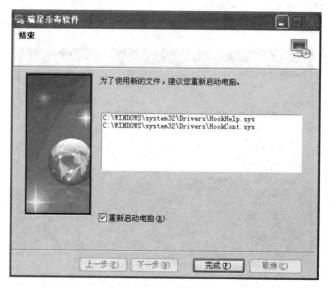

图 8-26　完成安装

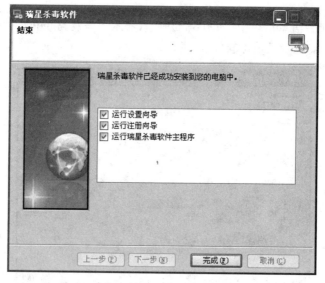

图 8-27　结束安装

2. 设置瑞星杀毒软件 2010

瑞星设置向导会引导用户提前进行软件的必要设置,用户可以根据需要进行设置,也可以采用瑞星软件的默认设置。

第 1 步:在"云安全"计划中,可以设置是否加入瑞星"云安全"(Cloud Security)计划,并设置是否上报数据,如图 8-28 所示。确认后,单击"下一步"按钮。

第 2 步:设置病毒查杀、监控等各项功能的防御级别及处理方式,如图 8-29 所示。确认后,单击"下一步"按钮。

第 3 步:用户可以通过选择"提示杀毒结果"、"启用声音报警"、"隐藏瑞星邮件收发进

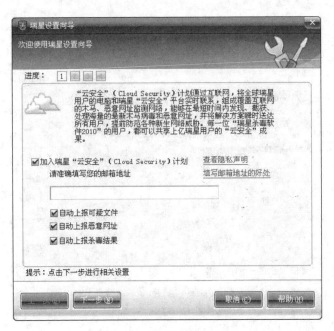

图 8-28　加入"云安全"计划

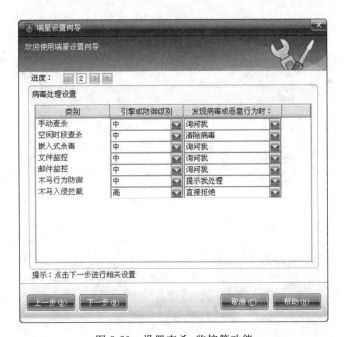

图 8-29　设置查杀、监控等功能

度提示"、"启用静默升级"、"启用瑞星助手"等选项进行设置,设置完成后,单击"下一步"按钮,如图 8-30 所示。

　　第 4 步:为了提高系统运行速度,用户可以在此进行系统安全环境检查;同时,还可以对"应用程序加固"进行设置。单击"完成"按钮设置完毕,如图 8-31 所示。

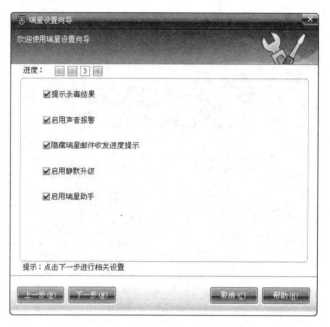

图 8-30　设置功能选项

图 8-31　设置完成

任务 8.3 的实施：用木马克星工具软件查杀木马

随着计算机的普及和互联网的发展，越来越多的网络安全隐患出现在用户面前，而木马以其强大的远程控制能力，逐渐受到黑客们的喜爱，成为首选的攻击工具。现在介绍的是一款专门用来对付木马的工具——木马克星。

木马克星可以查杀几千种木马。内置木马防火墙，任何黑客试图与本机建立连接，都需要木马克星确认,不仅可以查杀木马,更可以查黑客。木马克星是一款适合网络用户的安全软件。

1. 安装木马克星

下载木马克星安装程序之后,双击木马克星安装程序图标就可以进行安装。木马克星的安装过程比较简单,按照提示就可以完成,这里不再详述。

2. 使用木马克星

木马克星安装完成后,启动木马克星就可以看到它的主界面,如图 8-32 所示。木马克星主要分为两大部分:功能和查看。其中"功能"部分主要是针对一般用户,可用于扫描硬盘或内存中是否存在木马,并可以在此修改一些设置;"查看"部分主要针对高级用户,用于查看一些网络信息。下面对这两个部分的各个选项作具体的介绍。

图 8-32　木马克星主界面

(1)"功能"选项

■ 扫描内存

软件启动后会自动进入此界面,它很直观显示了当前内存中是否有木马。木马克星可以自动清除木马,不需要人工干预。

■ 扫描硬盘

在此界面可以选择是否清除木马,在输入框的右边可以选择扫描路径,并可以进行全硬盘扫描。通过扫描可以清除硬盘中的木马。推荐每周至少扫描 1 次。

■ 设置防火墙

可以选择软件是否在 Windows 启动的时候自动启动,这个防火墙主要针对蠕虫和端口进行监视,在收邮件时,如果有蠕虫,它就会报警;当黑客试图与用户的计算机建立连接时,它也会报警。扫描选项中用来设置硬盘扫描的文件类型,如果通过代理服务器连接网络,还可以设置代理选项。

■ 更新病毒库

每天都会有新的木马病毒,为了更加安全,需要升级木马病毒库。建议用户每 5 天更新 1 次。

■ 刷新

单击"刷新"后将会扫描内存,重新得到网络状态、系统进程和启动项目的信息。

(2)"查看"选项

■ 系统进程

此页面可以查询系统中正在运行的程序。选中某个进程后,还可以看到该进程的相关线程信息。对于可疑的进程,可以按键盘上的 Delete 键删除。

■ 网络状态

可以查看计算机的网络情况。

■ 查看共享

可以查看硬盘是否在网络中公开。

■ 启动项目

可以查看有哪些程序随系统一起启动。

■ 监视网络

可以查看每个程序读取网络的情况。

8.4 实　训

实训 8.1　安装与使用天网软件防火墙

实训目的:

掌握防火墙软件的安装及使用方法。

实训内容:

安装、设置和运行天网防火墙。

实训步骤:

(1)进入华军软件园网站(www.onlinedown.net)。

(2)在华军软件园首页输入关键词"天网防火墙"进行搜索,进入"天网防火墙"下载页面,单击相应的链接进行下载。

(3)按提示安装天网防火墙软件。

(4)配置天网防火墙。

(5)运行天网防火墙。

实训 8.2　安装与使用 360 安全卫士

实训目的:

掌握 360 安全卫士的安装与使用。

实训内容:

安装、设置 360 安全卫士,并对计算机进行安全防护。

实训步骤:

(1)进入 360 安全卫士网站下载 360 安全卫士软件。

（2）按提示安装 360 安全卫士。

（3）配置 360 安全卫士。

（4）用 360 安全卫士实现安全防护。

课 外 练 习

1．网络安全威胁主要来自哪些方面？

2．什么是防火墙？为什么要使用防火墙？

3．防火墙能防病毒吗？

4．什么是计算机病毒？计算机病毒有哪些特征？

5．如何防范黑客的入侵？

6．练习使用卡巴斯基杀毒软件扫描计算机病毒。

7．练习设置卡巴斯基软件的防火墙。

8．下载并安装卡巴斯基全功能安全软件 2010 版。

第 9 章

局域网组建实例

在学习计算机网络技术的基础上,本章将通过三个局域网组建的实例,介绍局域网的组建过程和组建方法。

本章主要内容

- 公司局域网络的组建;
- 校园局域网络的组建;
- 网吧局域网络的组建。

能力培养目标

掌握组建局域网的方法和能力。

实例9.1 组建公司局域网络

本实例主要介绍组建公司局域网的方案设计和组建过程。通过学习,掌握设计公司局域网的组建方案及组建公司局域网的操作过程和方法。

本实例要组建的是某公司局域网,该公司的办公楼有三层,第一层是技术部,共有 20 台计算机;第二层是销售部,共有 5 台计算机;第三层是人事部和财务部,其中人事部有 2 台计算机,财务部有 4 台计算机。将该公司所有计算机连入到局域网中,要求网络中有 1 台服务器,并且不同的部门分在不同的工作组中。其 IP 地址分配如下。

服务器:192.168.0.1。

技术部:192.168.0.2~192.168.0.21。

销售部:192.168.0.22~192.168.0.26。

人事部:192.168.0.27~192.168.0.30。

财务部:192.168.0.31~192.168.0.32。

1. 网络方案设计

1) 网络结构

公司建立网络是为公司管理系统服务,考虑到今后的发展,本例使用的是 100Mb/s 快

速以太网。交换机具有速度快、带宽高的特点,为提供较好的网络性能,所有计算机都通过
交换机相连。其拓扑结构示意图如图 9-1 所示。

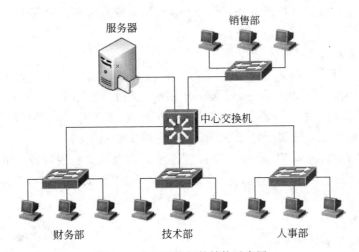

图 9-1　公司网络拓扑结构示意图

2)网络设备的选择

选择网络设备时主要应注意交换机、网卡和网线的选择。

(1)交换机:交换机具有速度快、带宽独享的特点,它允许几个端口同时以 100Mb/s 的
速度传递数据,交换机通常还带有路由功能。本例选用的交换机是思科公司的 WS-C3560-
24TS-S 型交换机,它自适应 10/100/1000Mb/s 网络,支持 VLAN 功能。

(2)网卡:每台计算机都需要一块网卡,网卡最好是自适应 10/100Mb/s 的。

(3)网络布线系统:本例中选用朗讯公司的五类布线系统。在制作网线时统一使用
T568B 标准,否则,可能引起网线较长的站点工作不稳定,甚至无法正常工作。

3)操作系统的选择

本例工作站中的每一台计算机都安装了 Windows XP 操作系统,主要由于 Windows XP
操作系统使用广泛,安装在工作站中能够方便用户操作。在服务器中安装 Windows Server
2003 操作系统,Windows Server 2003 安装在服务器中能够控制和管理各工作站,以及方便
与 Internet 相连。

2. 组网过程

确定了组网方案后,可以开始组建网络。组网时首先是硬件的安装与连接,然后是服务
器和客户端软件的安装。

1)安装与连接硬件

(1)安装网卡

第 1 步:关闭计算机主机电源,拔下电源插头,从防静电袋中取出网卡。

第 2 步:打开机箱后盖,根据网卡规格选择一个空的 PCI 插槽。

第 3 步:拧下机箱后部的螺钉,取下防尘片,露出条形窗口。

第 4 步:将网卡对准插槽,使网卡金属接口挡板面向机箱后侧,然后适当用力平稳地将
网卡向下压入插槽中。

第 5 步：将网卡的金属挡板用螺钉固定在条形窗口顶部。

（2）连接硬件

根据网络拓扑结构图，把所有计算机和交换机用双绞线分别连接起来，然后将所有设备接上电源。

2）安装网卡驱动程序

网卡的驱动程序可用以下几种方法进行安装。

（1）购买网卡时附有驱动程序，根据驱动程序安装向导进行安装。

（2）打开计算机电源，进入 Windows XP 操作系统，系统自动检测到网卡，并创建驱动程序信息库，这时按照系统提示自动进行驱动程序的安装。

（3）启动计算机，进入 Windows XP 操作系统。出现找到新硬件设备的提示，选择"不安装驱动程序，Windows 以后将不再提示"选项。进入"控制面板"窗口，选择"添加硬件"选项，进行手动安装。

3）设置服务器

（1）服务器 IP 地址的配置

配置服务器的步骤如下。

第 1 步：连接好硬件之后，启动计算机，进入 Windows Server 2003 操作系统。

第 2 步：单击"开始"，选择"设置"→"网络连接"，弹出"网络连接"窗口，如图 9-2 所示。

第 3 步：右击"本地连接"图标，在弹出的快捷菜单中，选择"属性"命令，弹出"本地连接 属性"对话框，如图 9-3 所示。

图 9-2 "网络连接"窗口

第 4 步：在"此连接使用下列项目"列表框中选中"Internet 协议（TCP/IP）"组件。单击"属性"按钮，弹出"Internet 协议（TCP/IP）属性"对话框，如图 9-4 所示。

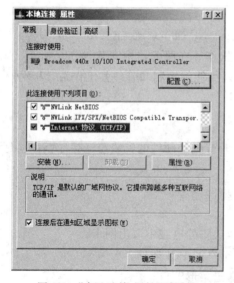

图 9-3 "本地连接 属性"对话框

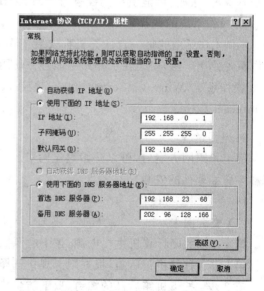

图 9-4 "Internet 协议（TCP/IP）属性"对话框

第 5 步：选中"使用下面的 IP 地址"单选按钮，在"IP 地址"文本框中手动输入 IP 地址 "192.168.0.1"，在"子网掩码"文本框中输入 C 类网默认子网掩码"255.255.255.0"。

第 6 步：单击"确定"按钮返回上一级"本地连接属性"对话框，再单击"确定"按钮完成服务器 IP 地址的设置。

（2）账号的管理

公司的一些重要资料应保存在服务器上，防止误操作或被盗取，导致公司数据的丢失。下面以在服务器上添加财务部的账号为例讲解账号的管理，其他部门的账号添加与财务部门相同，具体操作步骤如下。

第 1 步：单击"开始"按钮，选择"设置"→"控制面板"→"管理工具"→"计算机管理"命令，弹出"计算机管理"窗口，如图 9-5 所示。

第 2 步：在左边的"树"列表框中选择"本地用户和组"下的"用户"选项并右击该图标。

第 3 步：在弹出的快捷菜单中选择"新用户"命令，弹出"新用户"对话框，如图 9-6 所示。

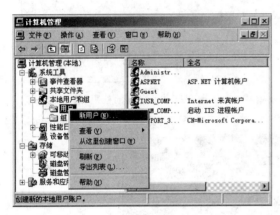

图 9-5　"计算机管理"窗口

图 9-6　"新用户"对话框

第 4 步：在"用户名"文本框中输入"财务部"。

第 5 步：在"密码"文本框中为"财务部"设置一个初始密码，并在"确认密码"文本框中输入相同的密码（客户机在登录服务器时，必须输入正确的用户名及相对应的密码才能登录）。

第 6 步：单击"用户下次登录时须更改密码"复选框，取消选中标记。

第 7 步：选中"用户不能更改密码"复选框，然后单击"创建"按钮，这样就为财务部创建了一个登录账号。

第 8 步：用同样的方法为技术部、销售部、人事部创建登录账号。

（3）设置目录访问权限

在服务器上为每一个部门创建一个共享目录，并设置访问权限，使每个部门只能对相应的目录进行读、写操作。下面仍然以财务部为例介绍设置访问权限的方法，其他部门的权限设置与财务部门的设置方法相同。具体操作步骤如下。

第 1 步：在 E 盘根目录下新建一个目录，并命名为"财务部"，如图 9-7 所示。

第 2 步：右击"财务部"图标，在弹出的快捷菜单中选择

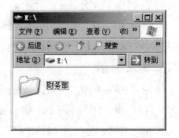

图 9-7　新建"财务部"目录

"共享"命令,弹出"财务部 属性"对话框,如图 9-8 所示。

第 3 步:单击"权限"按钮,弹出"财务部的权限"对话框,如图 9-9 所示。在该对话框中单击"添加"按钮,弹出"选择用户或组"对话框,如图 9-10 所示。

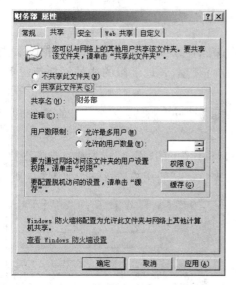

图 9-8 "财务部 属性"对话框

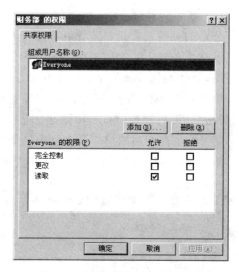

图 9-9 "财务部的权限"对话框

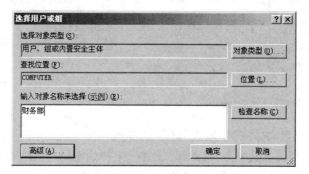

图 9-10 "选择用户或组"对话框

第 4 步:在"输入对象名称来选择"列表框中输入新建的用户名"财务部",单击"确定"按钮,返回上一级"财务部的权限"对话框。

第 5 步:在"组或用户名称"列表框中选中"Everyone",单击"删除"按钮,把 Everyone 用户组删除,如图 9-11 所示。

第 6 步:在"组或用户名称"列表框中选择"财务部"图标,并在"财务部的权限"列表框中选中"完全控制"后面的"允许"复选框(设置为该用户对这个目录具有完全控制的权力),如图 9-12 所示。

第 7 步:单击"确定"按钮返回"财务部 属性"对话框,再单击"确定"按钮即可。

第 8 步:用同样的方法分别为技术部、销售部、人事部新建 3 个目录(技术部、销售部、人事部),并设置访问权限即可。

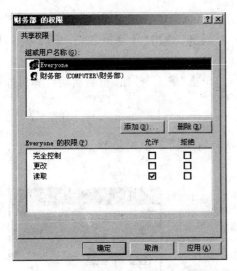

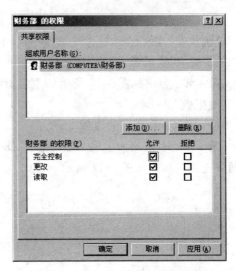

图 9-11　删除"Everyone"用户组　　　　　　　图 9-12　设置"财务部"权限

4）设置客户端

以财务部为例讲解客户端的设置，其他部门的客户端设置与财务部门相同。

由于客户机都使用 Windows XP 操作系统，在完成网卡驱动程序安装时，Windows XP 系统会自动安装相应的客户和服务组件以及 TCP/IP 协议，因此客户端的设置主要是完成网络标识的设置和 TCP/IP 协议的设置。

（1）网络标识的设置

第 1 步：右击桌面上的"我的电脑"图标，在弹出的快捷菜单中选择"属性"选项，出现"系统属性"对话框，如图 9-13 所示。

第 2 步：单击"计算机名"标签，再在"计算机名"选项卡中单击"更改"按钮，打开"计算机名称更改"对话框，如图 9-14 所示。

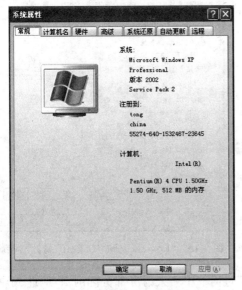

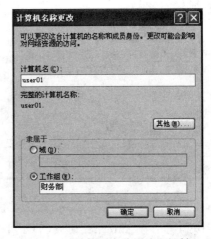

图 9-13　"系统属性"对话框　　　　　　　　图 9-14　"计算机名称更改"对话框

第3步：在"计算机名"文本框中输入财务部用户"user01"，在"隶属于"栏中选中"工作组"单选按钮，在文本框中输入"财务部"，单击"确定"按钮，弹出"计算机名更改"对话框，如图 9-15 所示，然后单击"确定"按钮。

第4步：弹出如图 9-16 所示的重启提示对话框，单击"确定"按钮，重新启动计算机即可使更改生效。

（2）TCP/IP 协议的设置

第1步：右击桌面上的"网上邻居"图标，在弹出的快捷菜单中选择"属性"命令，打开"网络连接"窗口，如图 9-17 所示。

图 9-15　工作组确定提示　　　图 9-16　重新启动计算机提示　　　图 9-17　"网络连接"窗口

第2步：右击"本地连接"图标，在弹出的快捷菜单中选择"属性"选项，打开"本地连接属性"对话框，如图 9-18 所示。

第3步：在"本地连接 属性"对话框选中"Internet 协议（TCP/IP）"，单击"属性"按钮，打开"Internet 协议（TCP/IP）属性"对话框，如图 9-19 所示。

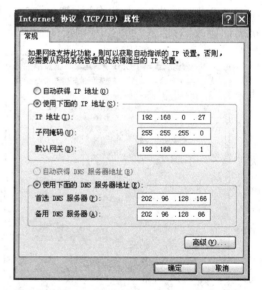

图 9-18　"本地连接 属性"对话框　　　图 9-19　"Internet 协议（TCP/IP）属性"对话框

第4步：在"Internet 协议（TCP/IP）属性"对话框中输入财务部分配的 IP 地址、子网掩码、默认网关。在完成上述设置后，单击各个对话框的"确定"按钮，则设置开始生效。至此，

TCP/IP 的设置就全部完成了。

第 5 步：用同样的方法即可为技术部、销售部、人事部完成客户端的设置。

实例 9.2　组建校园局域网络

本实例主要介绍某学校校园网组建的方案设计以及各子网的硬件组成与连接。通过本例的学习，可以对大型网络的组建全过程有一定的了解。

1. 组网目标

本例以某学校的校园网组建为例进行讲解，该校园网拟实现以下一些基本功能。

- Internet 服务：学校可以建立自己的主页，利用外部网页进行学校宣传，提供各类咨询信息等；利用内部网页进行管理，例如发布通知、收集学生意见等。
- 图书馆访问系统：用于计算机查询、计算机检索、计算机阅读等。
- 计算机教学：包括多媒体教学和远程教学。
- 文件传输 FTP：主要利用 FTP 服务获取重要的科技资料和技术文档。
- 电子邮件系统：主要与他人进行交往，开展技术合作、学术交流等活动。
- 其他应用：如大型分布式数据库系统、超性能计算机资源共享、管理系统、视频会议等。

作为一个先进的多媒体校园网，需要建立包括图书情报信息、学校行政办公等综合业务信息管理系统，为广大教职员工、科研人员和学生提供一个在网络环境下进行教学和科研工作的先进信息管理平台。校园网覆盖整个学校园区，在网络性能上应该考虑以下几方面。

- 网络系统安全性、可靠性高。
- 数据处理、通信处理能力强，响应速度快。
- 局域网能满足用户高效地连入广域网，使用灵活。
- 主干网支持多媒体、图像接口应用，支持高性能数据库软件包的持续增长。
- 系统易扩充、易管理，便于增加用户。
- 系统开放性、互连性好。
- 具有很强的分布式数据处理能力。

同时，在组建中，对网络产品还有以下要求。

- 采用先进而成熟的技术。
- 易于技术更新及网络扩展。
- 坚持开放性，采用国际标准和通用标准。
- 实用，性价比高。

2. 方案设计

该校园网网络主要包括校园办公系统、校园内部主页、内部电子邮件、多媒体教室、电子图书馆系统、校园 IC 卡管理系统、内部信息服务系统等，校园网拓扑结构如图 9-20 所示。

在图 9-20 所示的学校校园网拓扑结构图中，整个网络由网络中心、办公子网、多媒体教室、食堂 IC 系统、宿舍子网、图书馆子网等组成，其中网络中心是整个网络的主干系统，是网

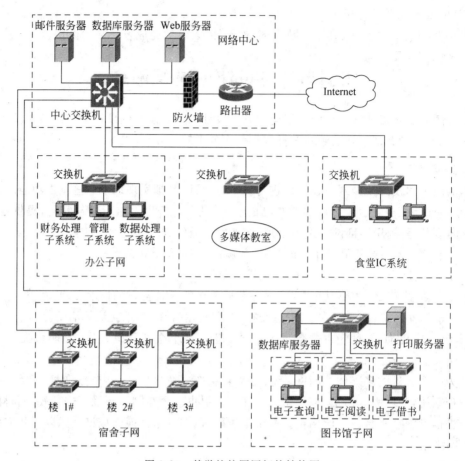

图 9-20　某学校校园网拓扑结构图

络的总结点,其余各子网是功能子网,由于建立相应的网络环境,适应各种应用。

网络中心构成总结点,各个子网的中心作为二级结点。网络中心使用智能型模块化交换机,为了满足高速度、高性能的要求,二、三级结点均采用交换结构,子网中的工作站、服务器就连接到这些交换机上。如果需要在成本上进行严格控制,二、三级交换机也可以改为集线器,但这样在速度上会受到影响。

(1) 网络中心

网络中心形成了主干网,并提供连接广域网服务,如图 9-21 所示。主干网系统采用了快速以太网结构,采用这一方式的主要优点如下。

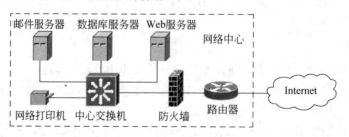

图 9-21　网络中心方案设计

- 经济实用,具有较高的性价比。
- 从现有的传统以太网可以平稳地过渡到千兆以太网,不需要掌握新的配置、管理等技术。
- 千兆交换式以太网可以为每个端口提供 1Gb/s 的带宽,完全满足用户对速度的需要。
- 千兆以太网已经获得广泛支持。
- 千兆以太网技术具有良好的互操作性,并具有向下兼容性。

在方案中,中心机房放置着中心交换机、服务器群、路由器等网络设备,这些设备以中心交换机作为中心,以星形拓扑结构通过无屏蔽双绞线连接在一起。网络中心与子网之间,根据与子网的距离,通过光纤和无屏蔽双绞线连接。

对于中心交换机,推荐采用智能型模块化交换机。交换机提供 8 个插槽,配合可选模块,可以提供千兆光纤接口(8 个)、百兆光纤模块(32 个)、10/100Mb/s RJ-45 接口(64 个)以及管理模块、堆叠模块。

整个校园网通过路由器与 Internet 网连接,满足校园网内外访问的要求。

(2) 办公子网

学校管理机构作为学校的中枢管理系统,协调、组织整个学校工作的正常运行,为了能满足管理机构的功能要求,办公子网需要针对用户的职责范围,设置数据生成、修改、查询的权限,实现人员资料管理、课程管理等方面工作的办公自动化,如图 9-22 所示。

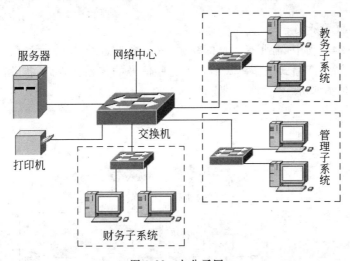

图 9-22　办公子网

办公子网与网络中心的信息通信比较多,每天有大量的访问数据,还有音频、视频等方面的内容,推荐采用交换机,该交换机带一个千兆光纤模块,在与网络中心的中心交换机通信时有 1Gb/s 的带宽,足以满足应用。

(3) 图书馆子网

图书馆子网的主要功能是在图书馆范围内进行计算机文献检索、电子阅读、图书借阅以及在校园网上进行文献检索等。由于多媒体数据信息日益增多,传输的数据量越来越大,建议全部采用交换机作为中心结点,如图 9-23 所示。

图书馆子网中需要存储大量数据,所以要设置专用的数据库服务器作为数据存储、管理的系统。数据存放在光盘塔、硬盘阵列等系统中,支持图书馆子网和校园网用户的访问和查询。图书馆子网与网络中心的数据通信量不大,采用 100Mb/s 带宽已经足够。

(4)宿舍子网

校园内的宿舍一般分布在校园的不同位置,但同一位置的几栋宿舍楼距离都比较近,构成一个宿舍群。每个宿舍群的房间数目比较多,即端口数多。同时,宿舍子网主要用于各宿舍之间的网络连接,在宿舍楼或宿舍群之间组成内部网络,随着互联网络的广泛应用,与外界传输的数据量不断增大,因此,应以交换机为主干构成网络体系,如图 9-24 所示。

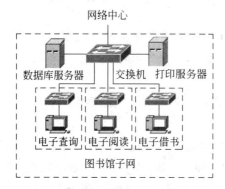

图 9-23　图书馆子网

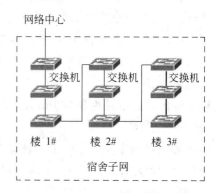

图 9-24　宿舍子网

(5)多媒体教学子网

在多媒体教学活动中,需要有大量的视频、音频数据进行传输,而基于共享工作方式的集线器,其有限带宽、广播式工作模式不利于这些信号的传输。因此,推荐采用交换机作为主要设备,如图 9-25 所示。

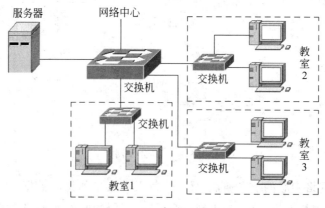

图 9-25　多媒体教学子网

3. 组建与配置校园网络

在整个方案中,采用了智能型 8 插槽模块式千兆以太网交换机作为校园网的中心交换机,该交换机可以提供 10/100Mb/s RJ-45 端口、100Mb/s 光纤端口、1000Mb/s 光纤端口多种组合接口,并具有网络管理、堆叠功能,带宽高达 16GB,完全适用于网络中心这种要求高速传输、需要高端口密度和配置灵活的应用场合。网络中心采用路由器与外界连接。

在中心交换机到各子网的传输介质选择方面,以应用要求为主,适当考虑成本。由于校园网络分布较广,在中心交换机到二级交换机之间,线缆以多模光纤为主;如果距离超过多模光纤的极限,需要采用单模光纤作为传输介质。

(1) 网络布线

按照一定的布线原则,分别完成建筑群间布线子系统、设备间布线子系统、管理区布线子系统、垂直(主干)布线子系统、水平布线子系统以及工作区布线子系统的布线,新的楼宇布线采用墙内暗装的方式,旧的楼宇布线采用 PVC 线槽明装的方式。

(2) 硬件安装

按设计方案购置网络硬件,按照硬件安装方法分别将各子网的硬件安装完成。

(3) 网络配置

校园网网络配置一般包括各硬件驱动程序的安装、网络协议的安装与配置、代理服务器的安装与配置、Web 服务器的配置、电子邮件服务器的配置等。

本例中 Web 服务器、电子邮件服务器等的配置可参见第 5 章相关部分,办公子网等的配置可参见本章的相关内容。各子网组建完成后,可逐一接入网络中心。

校园网是一个较为大型的局域网,其中涉及办公网、宿舍网等许多类型小型局域网的组建。与其他局域网相比,组建校园网的工作重点在于方案设计与网络布线,工程施工阶段的硬件安装与网络配置与其他局域网并无多大差别。

实例 9.3　组建网吧局域网络

本实例主要介绍网吧局域网络的组建过程。通过本例的学习,初步掌握组建网吧局域网络的一般流程。

网吧是向公众开放的营利性上网服务场所,社会公众可利用网吧内的计算机及上网接入设备进行网页浏览、学习、网络游戏、聊天、视频、听音乐或其他活动,网吧经营者通过收取使用费或提供其他增值服务获得收入。

建立网吧与建立其他类型局域网相类似,但又有所不同。

1. 网吧组建准备

(1) 组建前期的准备工作

网吧的规模越大,单位成本越低,据此规模是越大越好。但规模太大会造成初期投入资金过大。因此应该根据自己的资金情况和预计的上网人数去安排网络的规模。

按照规模的大小,网吧一般分为大型、中型和小型。一般来说,计算机数量在 50 台以下的都称之为小型网吧,计算机数量在 400 台以下的一般视为中型网吧,计算机数量在 400 台以上的称为大型网吧。

(2) 办理开设网吧的相关手续

根据国家规定,只要是营利性质的行业就必须到相关部门办理有关手续。办理网吧相关手续的过程大致如下。

■ 申办《网吧特许经营证》

选择一家 ISP,如"中国电信",向其申请《网吧特许经营证》,填表、签合同、接受检查、交纳管理费。

■ 领取《网吧安全许可证》

《网吧安全许可证》由网吧所在地区公安分局计算机信息安全监察科发放。

■ 到工商局办理《网吧营业执照》。

■ 到物价局办理《网吧收费许可证》。

■ 到税务局办理《网吧税务登记证》。

2. 建设网吧网络

目前各个地方的网吧非常多,有的网吧有几百台计算机,有的网吧只有几十台计算机,各不相同。与家庭、小型办公局域网相比,由于网吧的计算机数量较多,网络速度要求较高,同时还要提供联网游戏等功能,因此网吧网络的组建比较复杂。需要在网吧网络中添加高级交换机,同时还要添加游戏、文件等服务器。

(1) 组网准备

由于网吧的计算机有几十台的,也有上百台的,宽带网的接入方式也不相同(有 ADSL、DDN 专线等),因此组建网吧时要根据实际情况选择交换机和宽带路由器。

组建网吧局域网需要准备的设备主要包括联网计算机、网卡(10/100/1000Mb/s)、双绞线、交换机和宽带路由器等。如果通过 ADSL 上网,还需准备 ADSL Modem。

(2) 组建网吧网络

下面以两台交换机为例讲解网吧的组建方法。网吧网络拓扑结构如图 9-26 所示。

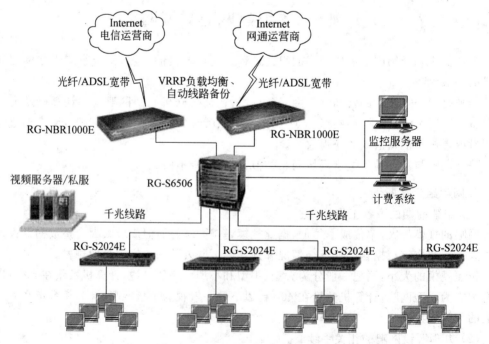

图 9-26　网吧网络拓扑结构示意图

搭建网吧的步骤如下。

第 1 步：连接网络硬件。

首先在所有计算机上安装网卡，然后将计算机通过网线连接到两台交换机的 LAN 端口上，再分别用网线将两台交换机的 WAN 端口和中心交换机的任何一个 LAN 端口相连；接着用一根网线将中心交换机的 WAN 端口与宽带路由器的 LAN 端口相连；同时将游戏、文件服务器用网线连接到中心交换机的 LAN 端口上。最后将上网的专线或 ADSL 上网线连接到宽带路由器的 WAN 端口，完成连接。

第 2 步：设置宽带路由器。

路由器的设置方法参见第 3 章中的宽带路由器设置方法。

第 3 步：划分 VLAN。

在网吧的环境里，用户使用的软件各式各样（如游戏、QQ、视频通信、浏览器等），这些应用会在通信时产生无数的数据包在网内或向网外传输，而这种传输是基于广播机制在局域网的交换环境中进行的，所以会产生不可避免的广播扩散和碰撞。而且有可能发生广播风暴，使网络的传输性能整体下降。因此，可采用 VLAN 将整个网吧局域网的大广播域划分为几个较小的广播域，从而尽量避免广播风暴的产生。本方案将在中心交换机中划分两个 VLAN，将整个网吧的计算机划分在一个相对较小的 VLAN 内。

第 4 步：设置网络参数、用户名、工作组及 guest 用户，设置方法请参照第 2 章的有关章节。

第 5 步：网吧管理系统。

网吧管理系统主要用来管理实时计时、计费、计账，远程控制整个网络内的所有计算机，可对任意计算机进行开通、停止、限时、关机和热启动等操作，并且还可管理会员、网吧商品等。常用的网吧管理软件主要有美萍网管大师、万象网管大师。

网吧网络组建完成后，可以安装一套网吧管理系统，管理网吧的日常业务，网吧管理系统的使用方法比较简单，一般按照说明进行操作即可。

课外练习

1. 查找思科 WS-C3560-24TS-S 型交换机的资料，了解该交换机的配置和使用方法。

2. 查找有关资料，了解什么是 VLAN（虚拟局域网）？不同的 VLAN 之间可以通信吗？

3. 某班共有 4 间学生寝室，4 间寝室都在一个楼层，每间寝室住 4 位同学，每位同学都有一台计算机，现在要将这 4 间学生寝室进行连网，请为该班同学设计一个组网方案。

4. 请为某中学校园网设计组网方案。

校园网组成环境与要求如下。

一幢教学楼：20 间教室，每间教室连一台计算机；

一幢实验楼：4 间实验室，每间实验室连 50 台计算机；

一幢办公楼：10 间办公室，每间办公室连 5 台计算机。

教学楼与实验楼之间相距 50m，办公楼与教学楼、实验楼之间分别相距 105m 和 75m。每幢楼内有一个设备间，所有房间到设备间的距离均小于 90m。

根据需求采用 100Base-T 组网技术，请选择适当的网络设备、传输介质，并完成设计。

具体要求如下。

（1）画出整个校园网的网络结构图，并注明网络设备和传输媒体的名称、规格（速率、端口数）。

（2）为实现办公信息发布、文件共享、师生交流、网上讨论和多媒体教学，应配置什么服务器？

（3）校园网接入 Internet 还要添加什么设备？

（4）为监控网络的运行，还应该配置什么功能模块？

英文缩略词汇

AD（Active Directory，活动目录）

ADSL（Asymmetric Digital Subscriber Line，非对称性数字用户线路）

AP（Access Point，接入点）

ARPA（Advanced Research Projects Agency，美国国防部高级研究计划署）

ATM（Asynchronous Transfer Mode，异步传输模式）

BBS（Bulletin Board System，公告牌系统）

b/s（bit per second，位/秒）

C/S（Client/Sever，客户机/服务器）

CMC（Computer Multimedia Communication，计算机多媒体通信）

CMIP（Common Management Information Protocol，公共管理信息协议）

CMOS（Complementary Metal Oxide Semiconductor，互补金属氧化物半导体）

CV（Computer Virus，计算机病毒）

DHCP（Dynamic Host Configuration Protocol，动态主机配置协议）

DNS（Domain Name System，域名系统）

E-mail（Electronic Mail，电子邮件）

FAT（File Allocation Table，文件分配表）

FDDI（Fiber Distributed Data Interface，光纤分布式数据接口，高速光纤环网）

FTP（File Transfer Protocol，文件传送协议）

ICMP（Internet Control Message Protocol，互联网控制消息协议）

IE（Internet Explorer，万维网浏览器）

IEEE（Institute of Electrical and Electronics Engineers，电气和电子工程师学会）

IETF（Internet Engineering Task Force，互联网工程任务组）

IIS（Internet Information Services，因特网信息服务）

IP（Internet Protocol，网际协议）

ISDN（Integrated Services Digital Network，综合业务数字网）

ISO（International Organization for Standards，国际标准化组织）

ISP（Internet Service Provider，因特网服务提供商）

LAN（Local Area Network，局域网）

MAN（Metropolitan Area Network，城域网）

MMC（Microsoft Management Console，微软管理控制台）

NIC(Network Interface Card,网络接口卡)

NOS(Network Operation System, 网络操作系统)

NTFS(New Technology File System,Windows NT 以上版本支持的一种文件系统)

OSI/RM(Open System Interconnection/Reference Model,开放式系统互连参考模型)

PPPoE(Point-to-Point Protocol over Ethernet,以太网点对点协议)

SNMP(Simple Network Management Protocol,简单网络管理协议)

TCP(Transfer Control Protocol,传输控制协议)

UDP(User Datagram Protocol,用户数据报协议)

VLAN(Virtual Local Area Network,虚拟局域网)

WAN(Wide Area Network,广域网)

WWW(World Wide Web,万维网)

xDSL(x Digital Subscriber Line,x 数字用户线路)

常用专业术语注释

ADSL：是一种 Internet 宽带接入方式。

ARPANET：Advanced Research Projects Agency Network，是美国国防部高级研究计划署主持研制的用于军事研究的计算机实验网。

BBS：是 Internet 上的一个重要的资源信息服务系统。BBS 实际上是一种远程登录过程，是 Telnet 目前最为广泛的应用之一。

FTP：是 TCP/IP 协议中使用最广泛的协议之一。FTP 的主要功能是实现文件在 Internet 上的传输。

Internet：中文正式译名为因特网，又叫做国际互联网，是全球性的、最具影响力的计算机互联网络，同时也是世界范围的信息资源宝库。

intranet：是基于 Internet 技术建立的用于本企业内协同工作的网络，依靠防火墙来限制访问和保护企业内部的数据。

ISDN：是一个数字电话网络国际标准，是一种典型的电路交换网络系统。它通过普通的铜缆以更高的速率和质量传输语音和数据。

OSI 模型：是国际标准化组织(ISO)提出的一个试图使各种计算机在世界范围内互连为网络的标准框架，简称 OSI。

TCP/IP 协议：传输控制协议/网际协议，它是 Internet 的基础，是网络中使用的基本的通信协议。它是 Internet 协议族，而不仅是 TCP 和 IP。

VLAN：是一种通过将局域网内的设备逻辑地而不是物理地划分成一个个网段的逻辑网络。

WWW：是一个超文本信息查询系统，提供一个查阅 Internet 上信息的界面。

报文(Message)：一次通信所要传输的所有数据就是一个报文。

超文本：一种非线性网状链接结构的文本。

传输速率：是指每秒传输二进制信息的位数，单位为位/秒，记作 bps 或 b/s。

带宽：是指某个信号所具有的频带宽度，或者是指信道能够传输的最高频率与最低频率之差。

电子邮件：是利用计算机网络来交换信件的通信方式。与传统邮件相比具有速度快、价格低，可一信多发，邮件含各种多媒体信息，收发方便，高效可靠等特点。

防火墙：是一种网络安全保障的手段，它是网络通信时执行的一种访问控制方式。它的主要目标是防止一个需要保护的网络遭受到外界因素的干扰和破坏。

服务器：是指具有固定的地址，并为网络用户提供服务的特殊的计算机。

广播：主机之间"一对所有"的通信模式，网络对其中每一台主机发出的信号都进行无条件复制并转发，所有主机都可以接收到所有信息（不管是否需要）。

黑客：利用系统安全漏洞对网络进行攻击、破坏或窃取资料的人。

计算机病毒：是指编制或者在计算机程序中插入的破坏计算机功能或者毁坏数据，影响计算机使用，并能自我复制的一组计算机指令或者程序代码。

计算机网络：是将地理上分散的且具有独立功能的多个计算机系统，通过通信线路和设备相互连接起来，在软件支持下实现数据通信和资源（包括硬件、软件等）共享的系统。

计算机网络安全：是指网络系统的硬件、软件及其系统中的数据受到保护，不受偶然的或者恶意的原因而遭到破坏、更改、泄露。

客户机：也称为工作站，是连入网络的普通计算机。

浏览器：是一个软件应用程序，用它与 WWW 建立连接，并与之进行通信。

数据（Data）：在计算机系统中，各种字母、数字符号的组合、语音、图形、图像等统称为数据。

数据包：是 TCP/IP 协议通信传输中的数据单位。

数字信号：是一种离散的、脉冲有无的组合形式，是负载数字信息的信号。现在最常见的数字信号是幅度取值只有两种（用 0 和 1 代表）的波形，称为"二进制信号"。

搜索引擎：是指根据一定的策略，运用特定的计算机程序搜集互联网上的信息，在对信息进行组织和处理后，为用户提供检索服务的系统。

拓扑：是一种研究与大小、形状无关的构成图形（线、面）特性的方法。网络拓扑结构反映了组网的一种几何形式。画成图就叫网络的"拓扑图"。

网络管理：即通过某种方式对网络性能、运行状况和安全性进行监测和控制的管理过程。当网络出现故障时能及时报告和处理，并协调、保持网络能正常、高效地运行。

网络体系结构：是指描述不同计算机系统之间互连和通信的方法和结构，是层和协议的集合。

网站：是指一个企业或机构在 Internet 上建立的站点，其目的是为了宣传企业形象、发布产品信息、提供商业服务等。电子商务网站是企业从事电子商务活动的基本平台，通过 Internet 浏览器访问有关的电子商务网站，可进行信息交互，进而完成商务活动过程。

文件系统：是操作系统在磁盘上组织文件的方法。也指用于存储文件的磁盘或分区，或文件系统种类。

协议：是指计算机网络中进行数据交换而建立的规则、标准或约定的集合。

信道：传输信息的必经之路。

虚拟拨号：是指用 ADSL 接入 Internet 时，需要输入用户名和密码，通过虚拟拨号软件请求拨号服务器，经过拨号服务器认证后，拨号服务器将分配一个指定的 ADSL 接入的 IP 地址。

云安全：是指瑞星的"云安全"（Cloud Security）计划通过互联网，将全球瑞星用户的计算机和瑞星"云安全"平台实时联系，组成覆盖互联网的木马、恶意网址监测网络，能够在最短时间内发现、截获、处理海量的最新木马和恶意网址，并将解决方案瞬时送达所有用户的一种防范措施。

资源共享：是指网络中的程序、数据和各种资源能被网络中的用户使用，而用户不必考虑自己在网络中的位置和资源在网络中的位置。

参 考 文 献

[1] 广东、北京、广西中等职业技术学校教材编写委员会.网络技术.广州:广东教育出版社,广东海燕音像出版社,2005

[2] 郭秋萍,焦允,聂荣.计算机网络技术.北京:清华大学出版社,2008

[3] 刘安宇,于文强,李晓琳等.计算机网络技术教程与上机实训.北京:中国铁道出版社,2007

[4] 唐涛等.计算机网络应用教程.北京:电子工业出版社,2006

[5] 葛磊,蔡中民等.计算机网络技术.北京:电子工业出版社,2010

[6] 导向科技.电脑组网培训教程.北京:人民邮电出版社,2002

[7] 丛书编委会.计算机网络技术基础.北京:清华大学出版社,2006

[8] 孙印杰,夏跃伟,高翔等.Internet技术及应用教程.第2版.北京:电子工业出版社,2009

[9] 金鼎图书工作室.新手学组建局域网一本通.成都:四川出版集团,四川电子音像出版中心,2006

[10] 常建丽.计算机网络技术.北京:北京邮电大学出版社,2009

[11] 杨云江等.计算机网络基础.第2版.北京:清华大学出版社,2010